教你成为

一流电工

王泽金 编

化学工业出版社

·北京·

内 容 简 介

本书打破电工常规学习路径，以实际应用为主线组织内容，为电工初入门者和已经掌握一定电工知识并想要提高的电工，提供丰富的一线案例和实用技巧。

本书内容包括供配电系统、家庭电路、空气开关和漏电保护开关、电工仪表、电动机原理与维修、电路接线、电工计算、电气元器件、电路控制和电气安全。

本书向读者呈现了30多篇工作日志，其中包含维修案例、作者感悟和经验总结，带领读者亲历现场维修过程，使读者在学习电工技能的同时，对电工行业有更深的认知。

图书在版编目（CIP）数据

教你成为一流电工 / 王泽金编. —北京：化学工业出版社，2022.4（2024.10 重印）

ISBN 978-7-122-40598-2

Ⅰ. ①教… Ⅱ. ①王… Ⅲ. ①电工技术 Ⅳ. ①TM

中国版本图书馆 CIP 数据核字（2022）第 007079 号

责任编辑：宋 辉　　美术编辑：王晓宇
责任校对：刘曦阳　　装帧设计：水长流文化

出版发行：化学工业出版社（北京市东城区青年湖南街 13 号　邮政编码 100011）
印　　装：北京宝隆世纪印刷有限公司
710mm×1000mm　1/16　印张 13　字数 178 千字　2024 年 10 月北京第 1 版第 6 次印刷

购书咨询：010-64518888　　售后服务：010-64518899
网　　址：http://www.cip.com.cn
凡购买本书，如有缺损质量问题，本社销售中心负责调换。

定　　价：58.00 元

前言

我是在36岁时误打误撞进入到电工这一行的，在从事电工工作的这些年，我认识了很多同行和朋友，他们都有和我一样的对电工技术的热爱和痴迷，我们互相交流，互相学习，在实践中不断成长。在工作中遇到各种各样的问题，除了向朋友请教，更多的是在网络上寻找答案，我有幸发现了一个属于电工群体的网络平台：百度电工吧。

这是一个真正纯技术交流的平台，大家因为共同的爱好聚在一起，相互交流工作经验，交流自己对电工学的理解和体会。由于电工工作涉及面非常广泛，每个人所能接触到的部分非常有限，也由于电工学的无穷奥秘，使大家都非常乐意在电工吧里分享自己的所见所闻和感受心得。

我的很多电工学知识都是自学和从乐意分享的朋友那里得来的，所以到了电工吧以后，我也成为积极分享的一分子。我深刻地体会到，分享知识不仅仅带给自己快乐，也不断地获得更多的知识回报。后来我有幸成为电工吧吧主，更是受到很多朋友的关注，很多朋友都希望我能够编写一本书，把我的工作经验和一些电工学知识整理出版，给初学者一个学习路径，给已经是电工的朋友一个经验借鉴。

另外，这些年，我带了一些电工学徒，每次给他们讲解电工知识的时候，我也希望有一本书，能够系统地把一些电工知识和技能传授给他们。但是，我一直不敢有写书的想法，毕竟电工是一个非常严谨的工作，我怕自己的知识储备不足以成为一本书，我怕愧对那么多朋友的信任。

直到有一天，出版社也希望我编写一本电工方面的书，编辑老师告诉我，知识可以有很多种表达方式，让读者能够更好地理解知识，对读者有帮助，就是好的知识传播方式，于是就有了读者手中的这本书。

这本书写给想跨入电工行业的入门者，对于已经从事电工工作的技术人员，书里面的案例也很有参考价值。这本书包括供配电系统、家庭电路、开关、电工仪表、电动机、电路的接法、电工计算、电气元器件以及控制电路等内容，书中涉及的理论不多，重点偏于实际操作和笔者的经验，如果想深入学习相关理论知识，有很多电工技术方面的教材可以参考。

由于水平有限，书中难免出现疏漏，真诚希望广大电工朋友提出宝贵意见，谢谢大家！

王泽金

目录

第4章 电工仪表

第5章 电路的星形接法和三角接法

第6章 家庭电路配电与接线

第7章 电路图

第8章 电动机原理与维修

第9章 供配电系统

第10章 电气安全

写在前面的话

1.专业与非专业

如果有人告诉你，他能够用通俗易懂的方法让你很快学会电工，我对此是怀疑的。

前几天，在我这里的一个学徒有事要回家，我问他，在这里学习了两个多月，究竟有没有学到什么。

他说，他最大的体会是，没有来之前，不管是网上的视频还是各种电工资料都基本看不懂，现在，他已经能够看懂听懂这些专业人员在说什么了。

每个人的学习天赋不一样，不管你认为自己有多聪明或者多笨，只要你能够看懂听懂专业知识，你就能够每天进步一点点，假以时日，你就是大师傅。

在今天这个知识大爆炸的时代，我们不缺乏知识的来源，我们需要掌握一个路径，沿着这个路径，系统地、刻苦地学习，成为一个真正的电工。

电工学知识涉及很广，作为初学者，我们可以先了解，一个电工应该学习哪些知识点，记住这些知识点后，再从各个方面去领会这些知识。

初学者刚开始听不懂电学原理是正常的，只有通过努力学习，强化记忆，慢慢就能够听懂了，你必须向专业靠拢，而不是专业向你靠拢。

这本书的目的，就是告诉你一个学习路径，告诉你我在实际工作中都用到了这些知识，告诉你这个知识点我是这样理解的。你也可以有自己的理解，我们要大胆假设，小心求证。

知识是有边界的，专业和非专业，就看你能不能跨过这个边界。

这本书不是理论著作，而是我的经验总结，书中的很多理论都是直接拿来就用，我只是用案例告诉你，这个地方用到了这个知识点。

在这里，分享一篇我的日志：

我对电工职业的看法

看到许多做电工的和正在学电工的人都很彷徨，因为电工工资普遍比较低，也看到许多人学历很高，但一直没有个人技术专长，职场多年还无有建树，我也谈谈自己对电工职业的看法。

电工说不上是最有前途的职业，但电工却是最接地气的技术工种，这是任何一个工种都无法比拟的。你可能拥有的技术价值年薪几十万，但离开你的岗位就无法施展，而电工技术不同，它与生活息息相关，又有无穷奥妙，若思进取则高深无极限，若安于平淡也能养家保平安。虽然每种设备各不相同，但在原理方面又基本相通，电工技术不会因为设备不同而无所适从。若你有较强的领悟能力，又有吃苦耐劳的决心、开创新天地的勇气，这行也不乏高端技术人才和行业精英，从电工而成为老板或企业高管也大有人在。

怎样做一名合格的电工？首先，必须有扎实的电工理论基础。电学知识很抽象，逻辑性强，刚开始学时很难理解，无法理解的记忆是非常困难的，所以有许多理论都需要强行记忆，记住这些理论非常有用，它会帮助你在今后的工作中去解释电路现象，排除电路故障。

其次，要勤于实践。有许多事情，除非亲自干过，你才能掌握，电工最基础的操作就是布线、压线、接线，要养成一个习惯，凡是经过你手的线路，必定是美观的、可靠的，一定不留下隐患！

最后，必须遵守规章制度，用电规范是在多少灾难事故之后逐渐完善的，作为电工，对职业要求要常存敬畏之心，小心谨慎，养成良好的作业习惯，决不投机取巧。

2. 电工应知应会的一些知识

应该重点掌握的电工知识有哪些？我认为，要想成为电工技术高手，理论基础知识必须扎实，一些基础电工理论必须强行记住，有很多理论暂时理解不了没有关系，先记住，在今后的实际工作中慢慢去理解。

下面列举了一些知识点，不一定每个知识点都要精通，但起码应该了解。现在网络这么发达，真正要用到这些知识的时候，我们要知道怎么去查找这些知识。在每个知识点前面有一个方框，如果你掌握了这个知识点，可以打勾，等到全打上勾，相信你对电工基础知识已经基本掌握。

- □ 什么是电
- □ 电是怎么产生的
- □ 什么是交流电
- □ 什么是直流电
- □ 什么是电磁感应
- □ 什么是感应电
- □ 什么是静电
- □ 什么是电阻
- □ 什么是电压
- □ 什么是电流
- □ 电阻电压电流之间的关系是什么
- □ 什么是功率，功率的计算公式
- □ 什么是基尔霍夫电流定理
- □ 什么是欧姆定律
- □ 什么是电容
- □ 什么是电感
- □ 什么是磁阻

- □ 什么是磁饱和
- □ 什么是回路、通路、短路、断路
- □ 什么是串联
- □ 什么是并联
- □ 什么是等效电阻
- □ 什么是电动势
- □ 什么是周期、频率、电角度、初相位
- □ 什么是相电压
- □ 什么是线电压
- □ 什么是星形连接
- □ 什么是三角连接
- □ 380和220之间的关系是什么
- □ 什么是绝缘，绝缘值多少为正常
- □ 什么是TN-S系统
- □ 什么是接地，什么是接地体
- □ 什么是保护接地，什么是保护接零
- □ 什么是容量，什么是效率，什么是功率因数
- □ 基本的供配电方式
- □ 变压器工作原理
- □ 什么是互感器
- □ 什么是电压降
- □ 什么是交流电的聚肤效应
- □ 导线的截面积和电流关系
- □ 导线的电流换算公式
- □ 万用表和摇表的使用方法
- □ 漏电开关和空气开关的保护原理

电气元器件

1.1 电阻

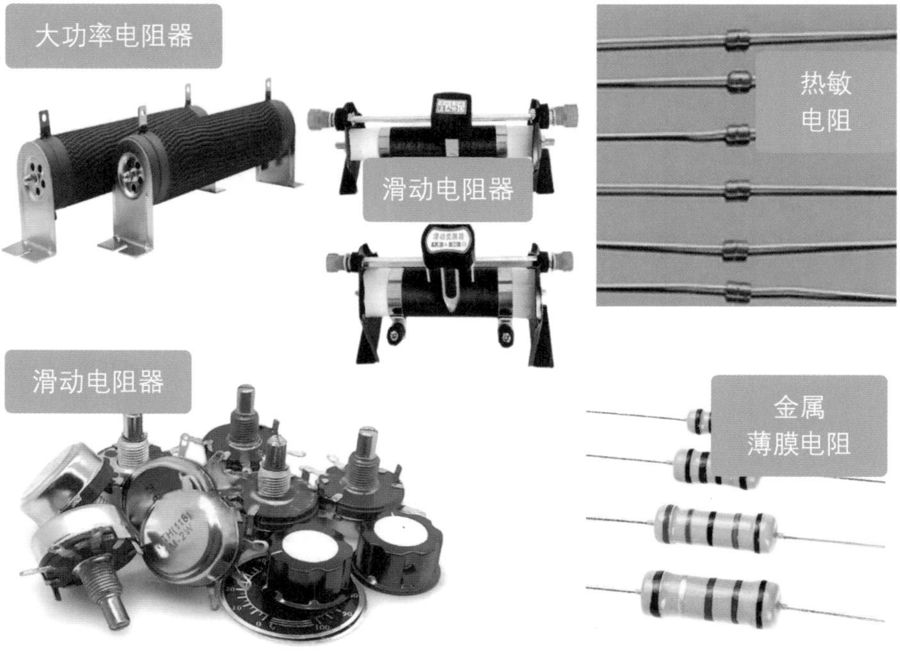

图1-1 电阻

导体对电流的阻碍作用就叫该导体的电阻，用R表示，单位为欧姆（Ω）。在日常生活中一般直接称为电阻的，其实是电阻器。电阻如图1-1所示，是一个限流元件，将电阻接在电路中，可限制通过它所连接的支路的电流大小。根据欧姆定律，电阻越大，电流越小。

我们平常接触到的通常有：

• 普通的电阻，在电路上的作用是分流、分压。

• 保险电阻，在电路中起限流作用。

• 可调电阻，一般见得最多的是电位器以及滑动变阻器。

• 热敏电阻，又叫温度传感器，一般规格有1kΩ、2kΩ、5kΩ、10kΩ、15kΩ、20kΩ、25kΩ、50kΩ、75kΩ、100kΩ。这是工作中遇到最多又可以直接更换、没有风险的电阻，注意更换一定要规格阻值都相同，否则温度显示不一样，电器不能正常控制。其他敏感电阻器可分为湿敏、光敏、压敏、力敏、磁敏和气敏等类型敏感电阻。

大功率电阻器，在电路中起分流、分压和耗能测试的作用。

1.2 电容

我们平时说的电容其实是电容器，如图1-2所示。

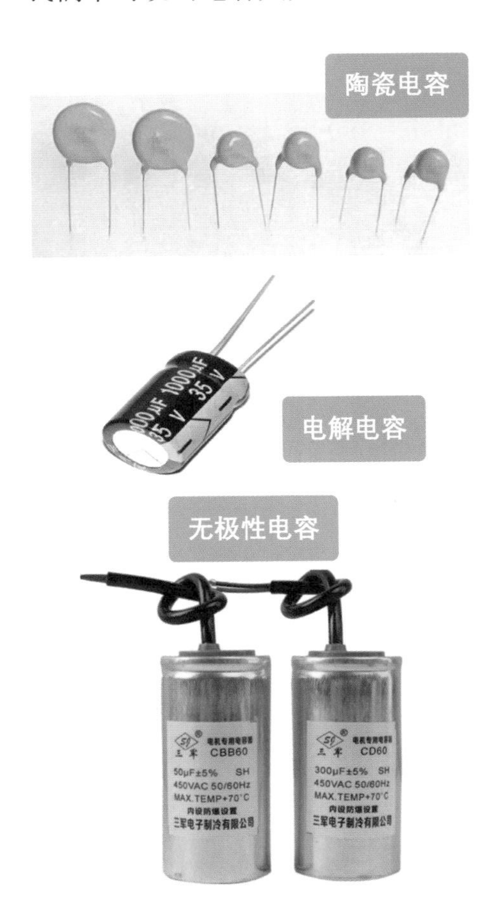

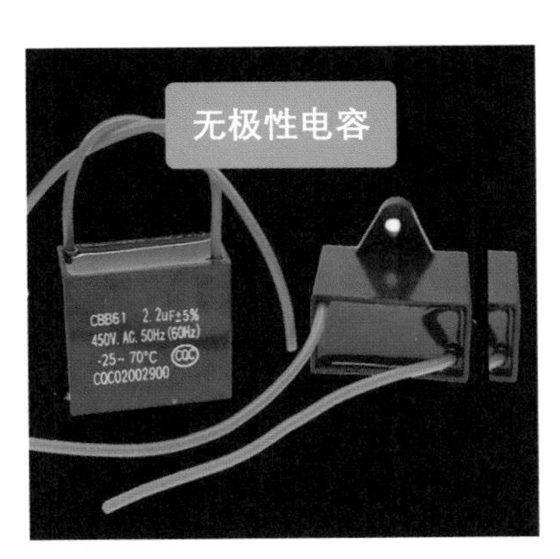

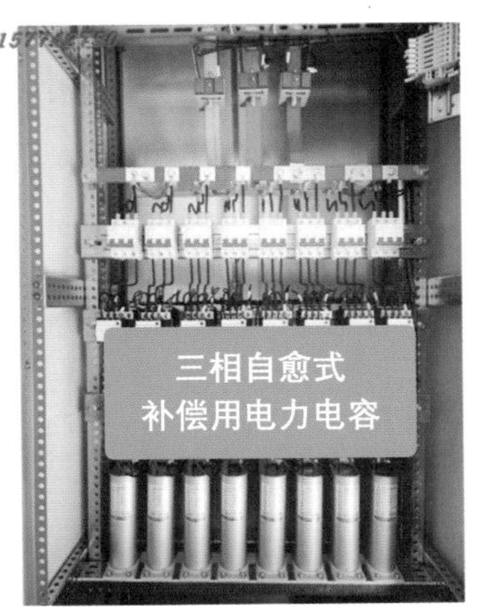

图1-2　电容

真正的电容无处不在，有静电的地方就有电容，电路分布到哪里，哪里就存在分布电容，而且分布电容的容量非常大。最显著的就是停电后第一次送电电流特别大，有时能引起跳闸，跳闸了再送电，就感觉电流没有那么大了，就是因为第一次送电有一个充电的电流。

两个相互靠近的导体，中间夹一层不导电的绝缘介质，这就构成了电容器。当电容器的两个极板之间加上电压时，电容器就会储存电荷。电容器的电容量在数值上等于一个导电极板上的电荷量与两个极板之间的电压之比。电容器的电容量的基本单位是法拉（F），在电路图中通常用字母C表示电容元件。

1法拉（F）= 1000毫法（mF）；1毫法（mF）= 1000微法（μF）；1微法（μF）= 1000纳法（nF）；1纳法（nF）= 1000皮法（pF）。

我们工作中基本上接触到的电容单位都是μF和pF。

电容在电路中主要用于电源滤波、信号耦合、谐振、补偿、储能、隔直流通交流等。

经常会听到电容能够“隔直通交”，隔直就是阻隔直流电，这个好理解，因为电容器两个电极本来就是相互绝缘的。“通交”，这个概念可能不好理解，绝缘了，还能通过交流电？其实，电流不能直接通过电容器，直接通过是短路。“通交”是一个概念，不是真的有电流通过了，是因为交流电和电容产生了充放电，在连接电容的电路中形成了电流。电容通交其实就是因为在电路中串联了电容，形成了充放电电流，我们就说电流通过了。

1.3 电感

电流流过导体就会产生磁场，这是一个基本常识。普通的导体产生的电感量不大，对我们生产生活没有影响，像电动机、变压器等大型设备，产生的电感量是很大的，所以我们把这一类设备称为电感性负载。

作为电工，深刻理解电感的功能和作用，对理解很多的电路现象都有帮助。

如图1-3所示，电感器的结构类似于变压器，但只有一个绕组，我第一次见到大型电感的时候，一个师傅考我说：你认识这是什么东西吗，我就答的是变压器，闹了笑话。

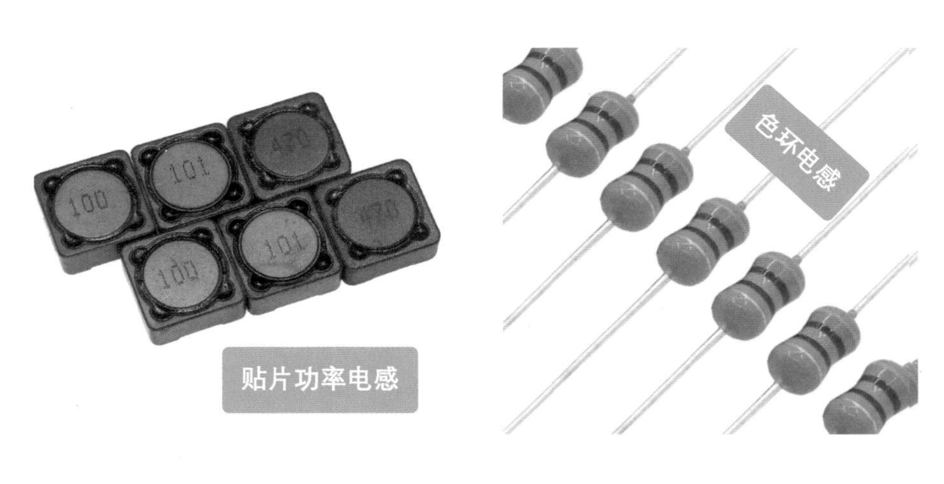

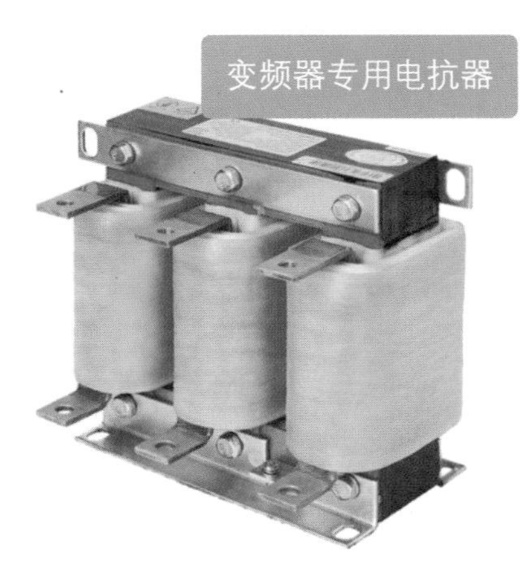

图1-3　电感器

电感器的种类很多，而且分类方法也不一样。通常按电感器的形式分，有固定电感器、可变电感器、微调电感器。按磁体的性质分，有空芯线圈、铜芯线圈、铁芯线圈和铁氧体线圈。按结构特点分有单层线圈、多层线圈、蜂房线圈。为适应各种用途的需要，电感线圈做成了各式各样的形状。各种电感线圈都具有不同的特点和用途。但它们都是用漆包线、纱包线、镀银裸铜线绕在绝缘骨架上或铁芯上构成，而且每圈与每圈之间要彼此绝缘。

电感器具有一定的电感，它只阻碍电流的变化。如果电感器在没有电流通过的状态下，电路接通时它将试图阻碍电流流过它；如果电感器在有电流通过的状态下，电路断开时它将试图维持电流不变。电感器又称扼流器、电抗器、动态电抗器。

⚠ **提示**

电感量的大小跟线圈的圈数，线圈的直径，线圈内部是否有铁芯，线圈的绕制方式都有直接关系。圈数越多，电感量越大，线圈内有铁芯、磁芯的，比无铁芯、磁芯的电感量大。

⚠ **电感理论总结出楞次定律**

感应电流具有这样的方向，即感应电流的磁场总要阻碍引起感应电流的磁通量的变化。

1.4 按钮

按钮是一种常用的控制电器元件，常用来接通或断开电路，从而达到控制电动机或其他电气设备运行的目的。按钮的实物如图1-4所示。

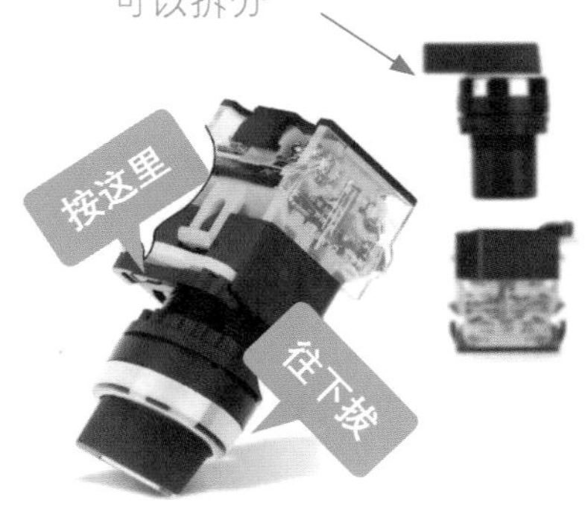

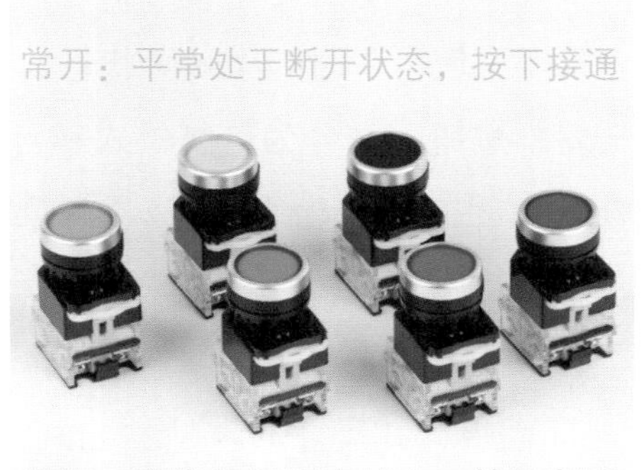

图1-4　按钮

按钮一般分为常闭按钮、常开按钮和复合按钮。符号如表1-1所示。

表1-1　按钮的符号和名称

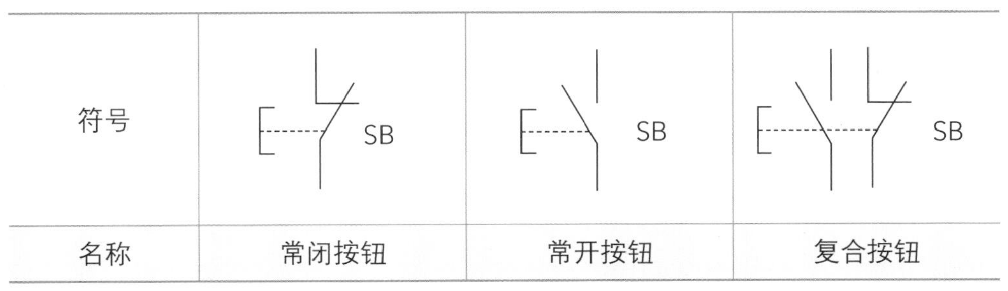

符号	SB	SB	SB
名称	常闭按钮	常开按钮	复合按钮

常开按钮：平时处于断开状态，按下时，按钮闭合，接通电路。

常闭按钮：平时处于闭合状态，按下时断开。

复合按钮：又分为自复位式和自锁式，自复位式按钮是按下之后，常开闭合，常闭断开，松手复位；自锁式按钮是按下之后，按钮锁住，再按一下，按钮复位。

购买按钮要注意：

① 面板开孔尺寸通常是22mm和25mm，老机床有16mm，尺寸错了很难安装。

② 通常的规格是一对常开、一对常闭，或者分别有两对常开、两对常闭，或者只有两对都是常开；看按钮触点外壳，绿色是常开，红色是常闭。

按钮开关是设备最容易出故障的，作为电工，要熟悉各种按钮的特点，方便快速维修。分享一篇工作日志给大家。

按钮故障

刚刚卷板机又出故障了，是下降正常，上升没反应，让我去看看，我分析最大可能是控制线路问题，而最有可能是按钮互锁触点复位不良。我过去把下降按钮重重点了几下，再按上升，好了，一切正常了。

像电动葫芦、卷板机、行车这类正反转设备，往往都要做按钮互锁，上不行往往先点几下向下按钮，左不行往往点几下向右按钮，让按钮良好复位就好了！

对于一些老旧设备，这是常见故障。

1.5 行程开关

如图1-5所示，行程开关属于位置开关（又称限位开关）的一种，是一种常用的小电流主令电器。利用生产机械运动部件的碰撞使其触头动作来实现接通或分断控制电路，达到一定的控制目的。通常，这类开关被用来限制机械运动的位置或行程，使运动机械按一定位置或行程自动停止、反向运动、变速运动或自动往返运动等。

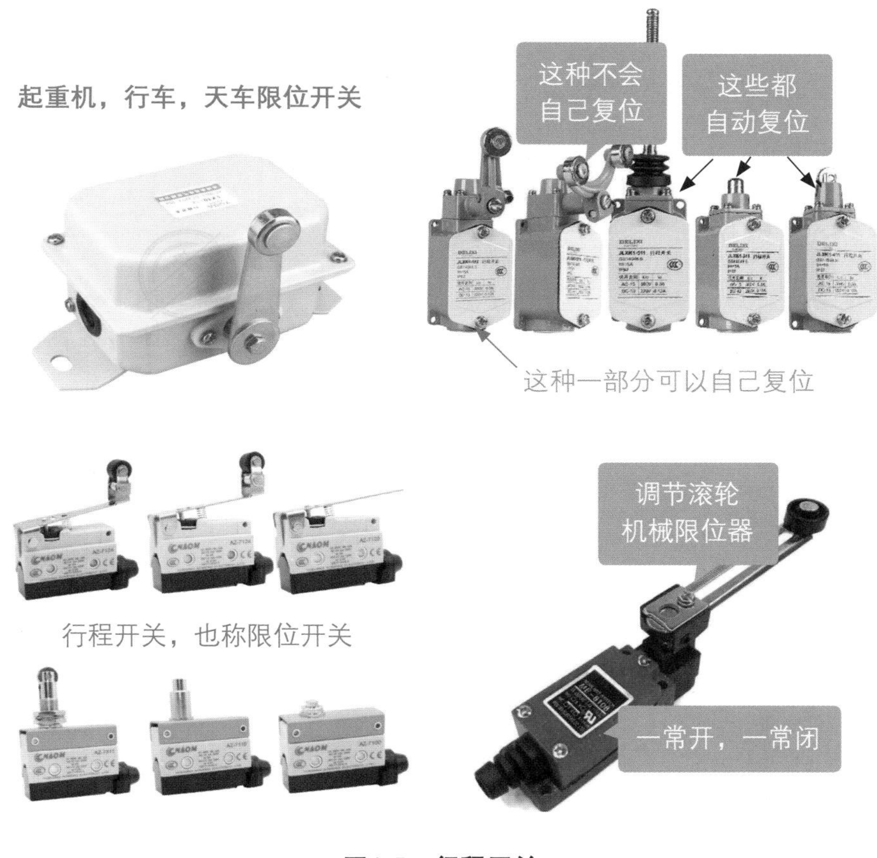

图1-5　行程开关

在工作中，经常遇到一些限位开关坏了，一些师傅图省事，直接将行程开关短接的现象。一定不要这样做，限位开关，往往是一些机械设备的命门，短接会造成不可挽回的损失。

在这里分享一篇我的工作日志，给大家一些警示！

机械设备的限位

上个月，我为公司修了一台卷板机。这台机结构比较简单，没有什么限位装置，使得它在一次卷小口径圆筒时，由于下降轴辊降得太低，致使传动轴承强制压破而损坏，花了两天时间才修好。为防止再发生这种事故，我在它的控制电路上增加了限位电路，在下降限位的地方增加限位开关，使它有了应有的保护。

由于这台卷板机不够大，公司又借了一台比较大的，如图1-6所示。这是一台旧的卷板机，我在安装电源时检查了控制电路，维修了已经损坏的电路，在试机时我特意注意了限位开关，试了一下，限位开关是好的，但装置损坏，我对领导提出要修好限位装置才使用，但领导的意思是，反正用不了几天，注意点就行了。因为机器很大很笨重，修好这个限位不容易，我没有坚持。结果刚用了三天就因为轴辊下降超低而损坏，这次故障是毁灭性的，光是要拆除被崩断的轴，三四个人就用了三四天，费了九牛二虎之力，等找人加工好轴，买好其他拆坏的东西再装上去，不知还要多久。

所以，看上去无关紧要的限位，有可能就是机械设备的命门。

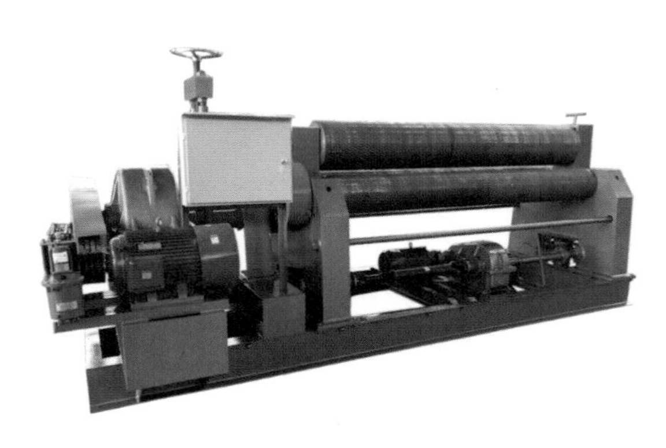

图1-6　卷板机

1.6 光电开关

光电开关（图1-7）是光电接近开关的简称。它是利用被检测物对光束的遮挡或反射，由同步回路接通电路，从而检测物体的有无。物体不限于金属，所有能反射光线（或者对光线有遮挡作用）的物体均可以被检测。光电开关将输入电流在发射器上转换为光信号射出，接收器再根据接收到的光线的强弱或有无对目标物体的状态给出结果。

按检测方式可分为漫射式、对射式、镜面反射式、槽式和光纤式。

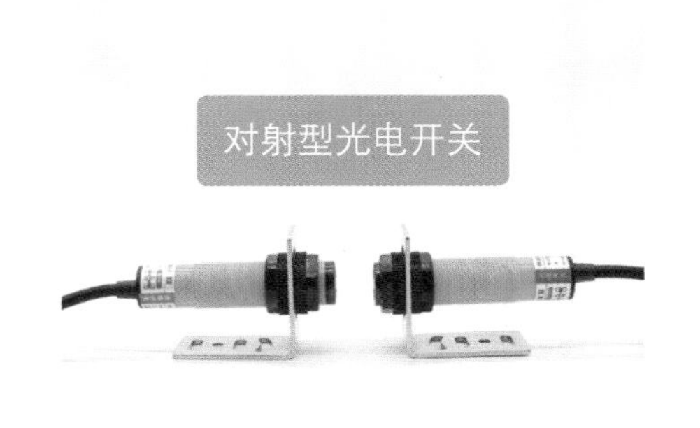

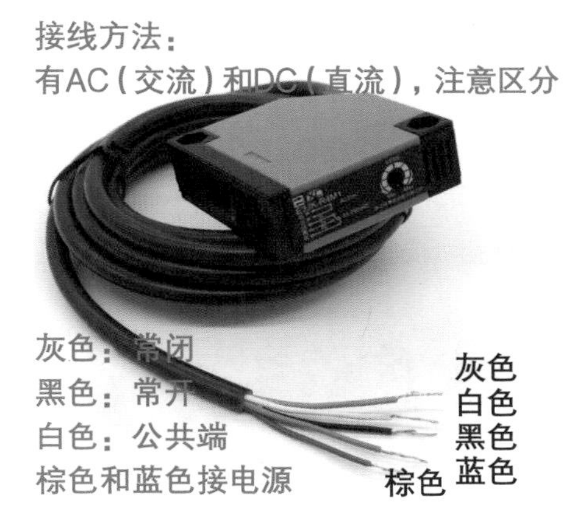

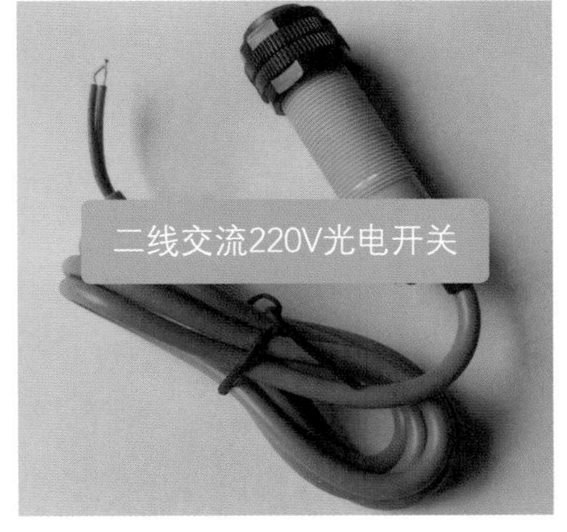

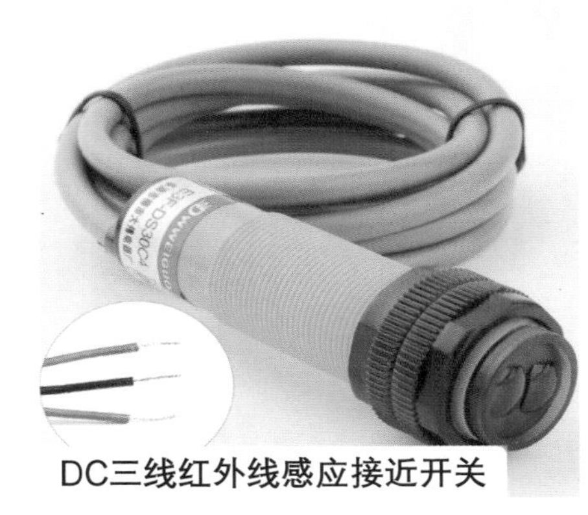

图1-7　光电开关

光电开关已被用作物位检测、液位控制、产品计数、宽度判别、速度检测、定长剪切、孔洞识别、信号延时、自动门传感、色标检出、冲床和剪切机以及安全防护等诸多领域。此外，利用红外线的隐蔽性，还可在银行、仓库、商店、办公室以及其他需要的场合作为防盗警戒之用。

1.7 时间继电器

如图1-8所示，时间继电器是指给定输入的动作信号后，其输出电路需经过设定时间才产生输出动作的继电器。一般配合交流接触器，用来接通或切断较高电压、较大电流的电路的电气元件。

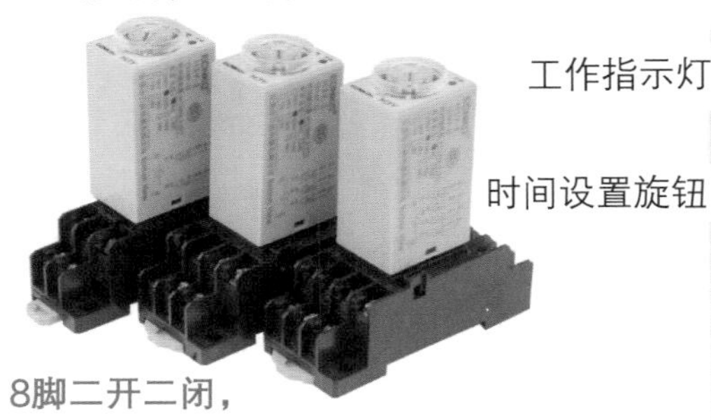

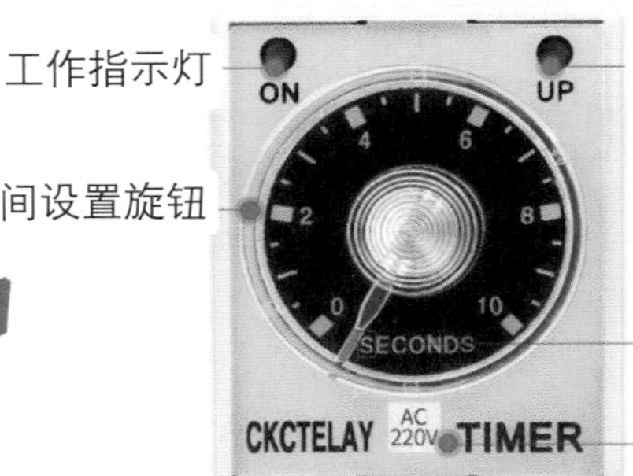

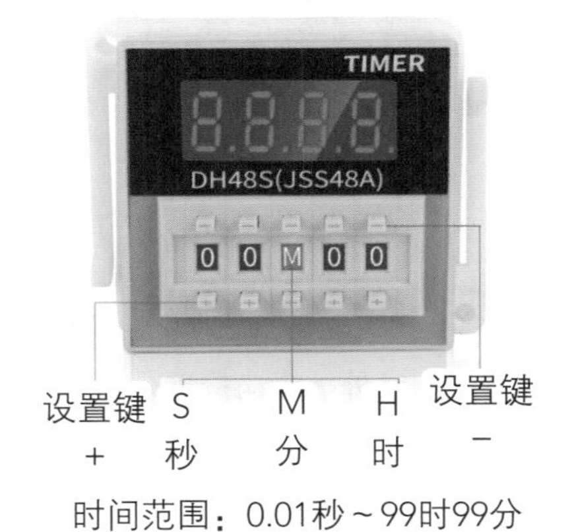

图1-8　时间继电器

① 通电延时型时间继电器。在获得输入信号后立即开始延时，需待延时完毕，其执行部分才输出信号以操纵控制电路；当输入信号消失后，继电器立即恢复到动作前的状态。

② 断电延时型时间继电器。当获得输入信号后，执行部分立即有输出信号；而在输入信号消失后，继电器却需要经过一定的延时，才能恢复到动作前的状态。

1.8 温控器

温控器是指根据工作环境的温度变化，在开关内部发生物理形变，从而产生某些特殊效应，产生导通或者断开动作的一系列自动控制元件，也叫温控开关、温度保护器、温度控制器。

温控器应用范围非常广泛，应用在家电、电机、制冷或制热等众多产品中。

（1）突跳式温控器

如图1-9所示，双金属片突跳式温控器是一种将定温后的双金属片作为热敏感反应组件，当产品主件温度升高时，所产生的热量传递到双金属圆片上，达到动作温度设定时迅速动作，通过机构作用使触点断开或闭合；当温度下降到复位温度设定时，双金属片迅速恢复原状，使触点闭合或断开，达到接通或断开电路的目的，从而控制电路。

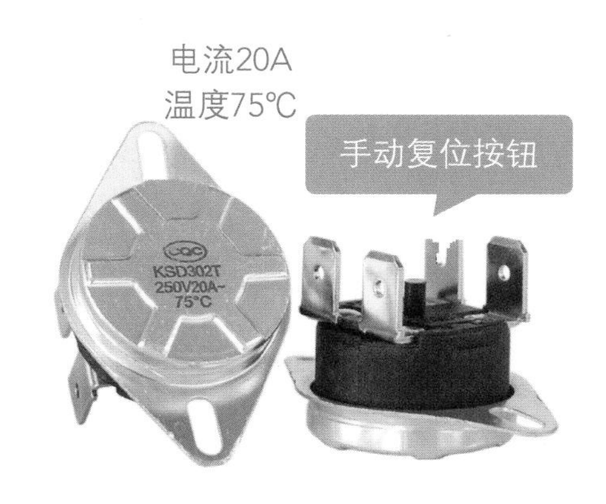

型号有常开常闭，多数常闭

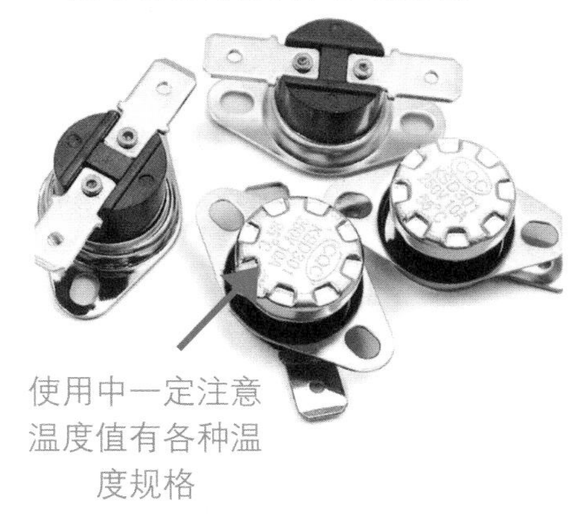

图1-9 突跳式温控器

各种突跳式温控器的型号统称KSD，常见的如KSD301、KSD302等。该温控器是双金属片温控器的新型产品，主要作为各种电热产品具过热保护时，通常与热熔断器串接使用，突跳式温控器作为一级保护。热熔断器则在突跳式温控器失控或失效导致电热元件超温时，作为二级保护，有效防止烧坏电热元件以及由此而引起的火灾事故。

（2）液胀式温控器

液胀式温控器如图1-10所示，当被控制对象的温度发生变化时使温控器感温部内的物质（一般是液体）产生热胀冷缩的物理现象（体积变化），与感温部连通一起的膜盒产生膨胀或收缩，以杠杆原理，带动开关通断动作，达到恒温控制目的。

液胀式温控器具有控温准确、稳定可靠、开停温差小、控制温控调节范围大、过载电流大等性能特点。液胀式温控器主要用于家电行业、电热设备、制冷行业等温度控制场合用。

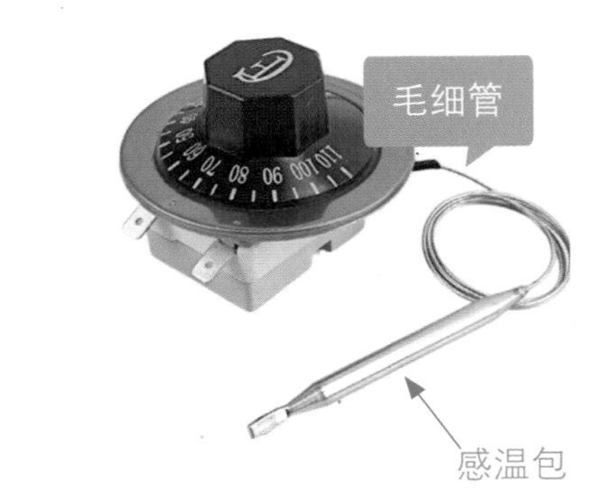

图1-10　液胀式温控器

（3）电子式温控器

如图1-11所示，电子式温控器（电阻式）是采用电阻感温的方法来测量的，一般采用白金丝、铜丝、钨丝以及热敏电阻等作为测温电阻，这些电阻各有其优缺点。一般家用空调大都使用热敏电阻式。电子式温控器具有稳定、体积小的优点，在越来越多的领域中得到使用。

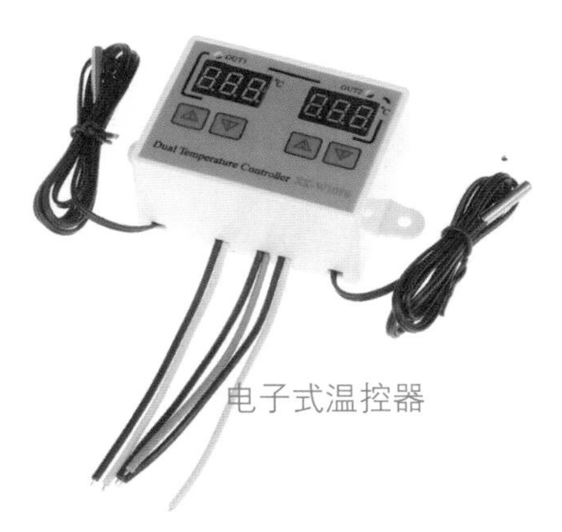

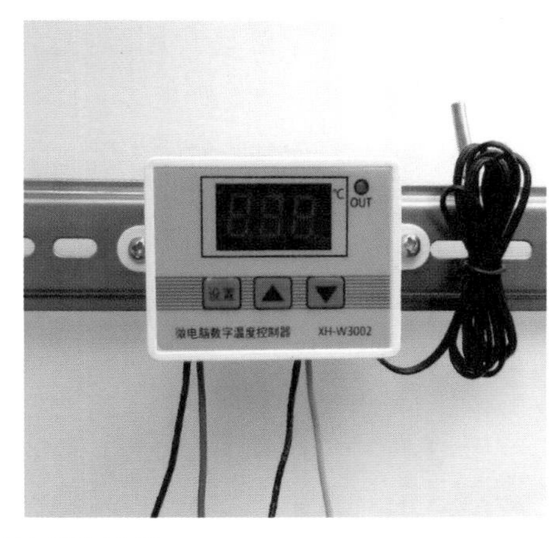

图1-11 电子式温控器

（4）数字式温控器

如图1-12所示，数字式温控器是一种精确的温度检测控制器，可以对温度进行数字量化控制。温控器一般采用NTC热敏传感器或者热电偶作为温度检测元件，它的原理是将NTC热敏传感器或者热电偶设计到相应电路中，NTC热敏传感器或者热电偶随温度变化而改变，就会产生相应的电压电流改变，再通过微控制器对改变的电压电流进行检测、量化显示，并做相应的控制。数字式温控器具有精确度高、灵敏度好、直观、操作方便等特点。

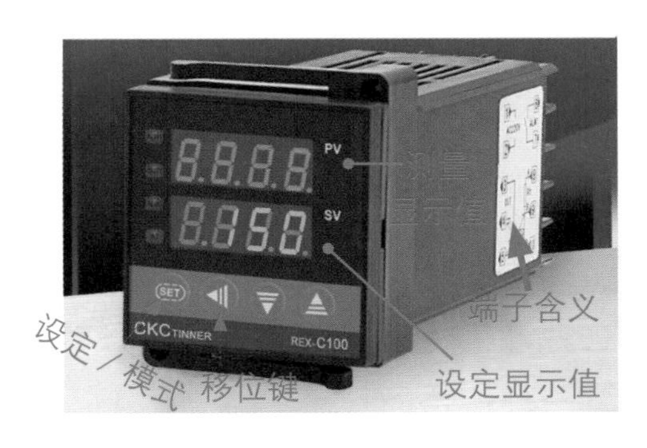

1-12 数字式温控器

在这里，给大家分享我用温控器解决问题的一个案例。

数字式温控器的应用

这两天深圳遭遇寒流，气温降到5℃以下，中央空调频频出现报警，原因是气温低了以后，空调主机运行时间会自动减少，而水塔冷却风扇却仍然在降温，导致冷却水温度过低报警。

师傅买来一个温控器，让我给冷却水进行温度控制，当温度低于设置时水塔风扇停止，高于设置时自动开启。

当我装好温控器要接线时，才发现温控器买错了。这种温控器只有加温输出，我们需要的是降温输出，由于时间很紧，没有时间更换，考虑用报警端口，又担心这款温控器没有报警输出，最后决定加一中间继电器将风扇控制接中间继电器的常闭端口，实现温度低于设置时风扇停止，高于设置时启动。

接好后试机，离设置温度还差十几度，温控器就频繁启动停止，这在发热管加温时是正常的，可以避免升温的惯性，可是这样风扇电机会受不了，这是温控器自整定的结果。按说通过设置取消自整定就可以了，可是我打开第一菜单，发现自整定是关闭的，怎么办，要不试试报警输出？于是，先把控制线接到报警输出上，再通过设置第一菜单，把报警温度设置在25℃，再通过第二菜单设置，把报警方式设置为上限报警，开机实验，很理想，当温度上升到25℃，风扇开启，当温度低于25℃，风扇停止，达到目的。

温控器一般有三个设置界面，按上下键3s，设置控制温度；按设置键3s，可以进入第一菜单设置报警温度；按设置＋上键3s，可以进行第二菜单设置报警方式和设置禁止修改。设置完成10s不操作就自动保存。

1.9 接触器

如图1-13所示，接触器分为交流接触器（电压AC）和直流接触器（电压DC），它广泛应用于电力、配电与用电场合。接触器广义上是指工业用电中利用线圈流过电流产生磁场，使触头闭合，以达到控制负载的电器。

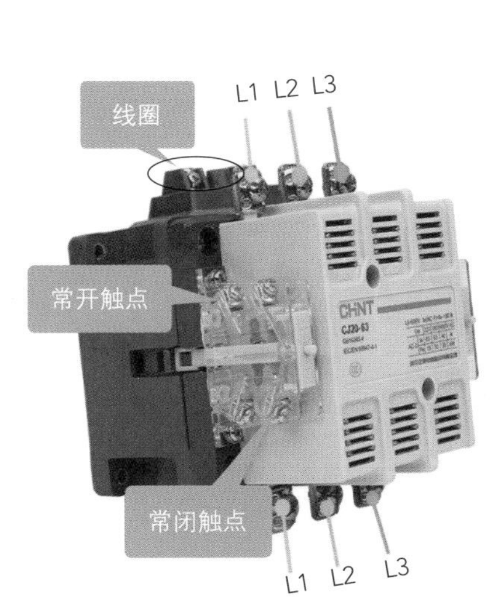

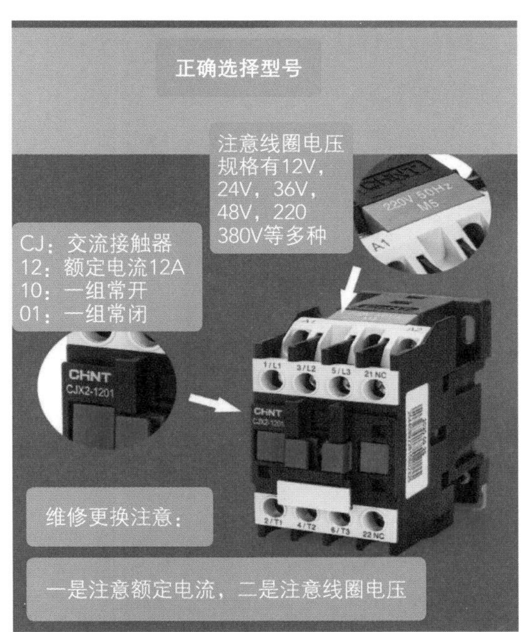

图1-13　接触器

接触器的工作原理是：当接触器线圈通电后，线圈电流会产生磁场，产生的磁场使静铁芯产生电磁吸力吸引动铁芯，并带动交流接触器触点动作，常闭触点断开，常开触点闭合，两者是联动的。当线圈断电时，电磁吸力消失，衔铁在释放弹簧的作用下释放，使触点复原，常开触点断开，常闭触点闭合。

1.10 热过载继电器

如图1-14所示，热过载继电器是应用电流热效应原理，以电工热敏双金属片作为敏感元件的过载保护继电器，又称热继电器。所谓电工热敏双金属片是由两种线膨胀系数相差较大的合金加热轧制而成的。受热时，双金属片由高膨胀层（主动层）向低膨胀层（被动层）弯曲。当电流过大（超过整定值）时，元件因“热”而动作，从而其连动的动断触点切断所控电路及被保护设备的电源。

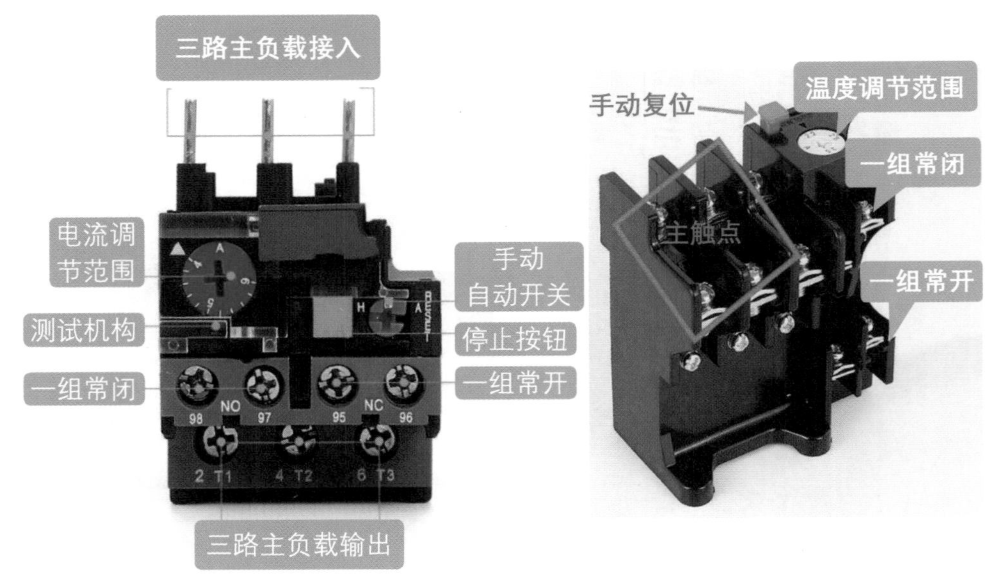

图1-14 热过载继电器

热过载继电器用于电动机过载保护，有多种形式。热过载继电器安装使用方便，功能较全且成本低廉，经实践证明能对电动机进行可靠的保护，所以一直占有重要地位。

热过载继电器的热元件直接接到电动机电路中。当电动机过载时，主双金属片被加热到动作温度，使继电器动作，分断电动机的动力电路，使电动机免受过载而损坏。热过载继电器的动作时间与过载电流的大小按反时限的关系变化，因此，其热特性易与电动机的热特性配合，再加上结构简单、价格低廉、动作性能稳定、使用方便等特点，所以，大多数笼型转子电动机和部分绕线转子电动机都采用热过载继电器作为过载、断相和电流不平衡运行的保护。热过载继电器还可以作其他电气设备发热状态的控制电器。

⚠ 使用注意事项：

① 过载继电器只能作为控制电动机的过载保护，不能作为短路保护。

② 装设时必须了解保护对象的额定电流，选择规格必须为额定电流的+20%以上。通常直接装设于电动机的启动接触器之后。

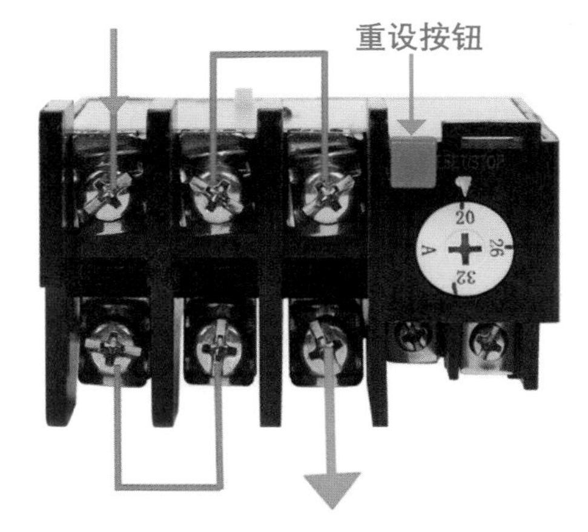

图1-15　热过载保护器单相使用

③ 当电流过高或者因负载电流超过设定时，就会触发保护而切断回路，虽然可借由重设按钮复位通路，但如果发生过载继电器保护后，不可任意调高设定电流，应查明过载原因，否则极易烧毁被保护装置。

④ 如果三相用的热继电器用于单相电机的保护，主电路最好只通过火线，并把三个主触点串联使用，如图1-15所示。为什么呢？因为如果只用其中一路触点，内部双金属片受热弯曲很容易和旁边的弯曲不同步，导致主电路短路。

热过载保护器是好用又简单的电器，有的小型设备没有配置，可以加一个，我在这里把过程分享给大家。

为电机加装热保护器

前日，何老板叫我帮忙为他朋友改个电路，是一种全自动车床，这种机器的电机老是在卡住的时候烧掉，想了好多办法都不行。他请我装个接近开关，再装个延时器，让电机在堵转时马上就停止运转。

在我看到该机器后，觉得简单的事情让他们想复杂了，因为电机在堵转或超负荷时，其电流值会增加很多，只需在控制电路中加入热保护器就可以了，这是最常用也是最有效的一种方法。我用电流表测出这台电机的电流是0.85A，加装了一只范围是0.63～1.25A的热保护器，设定在0.8A，如图1-16所示，开机试验半小时不会保护，当我们用木棍卡住电机增加负荷，负荷明显加重时电机立即就保护，试了几次，效果很好。

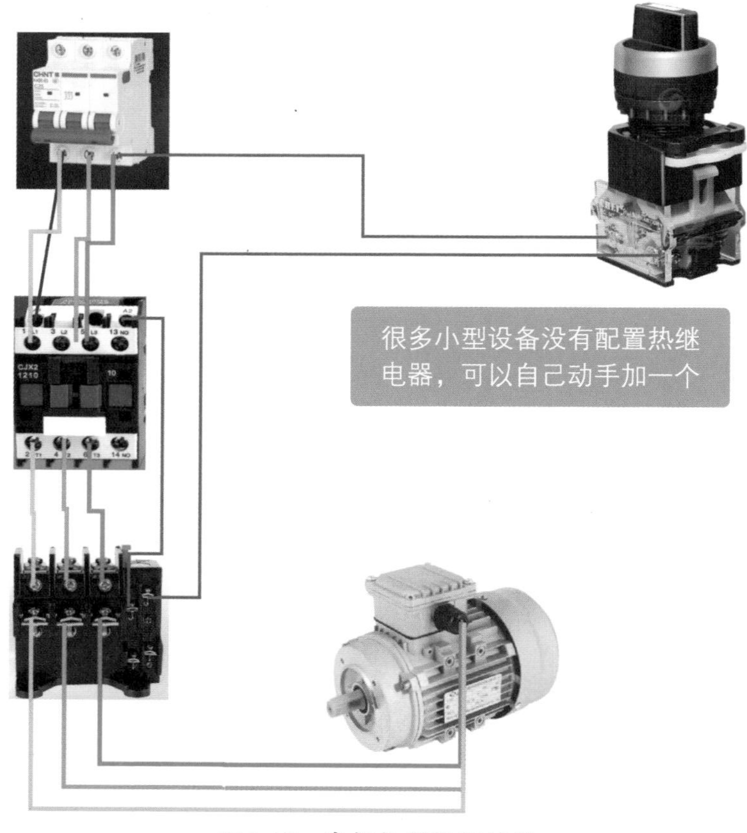

图1-16　电机加装热保护器

1.11 中间继电器

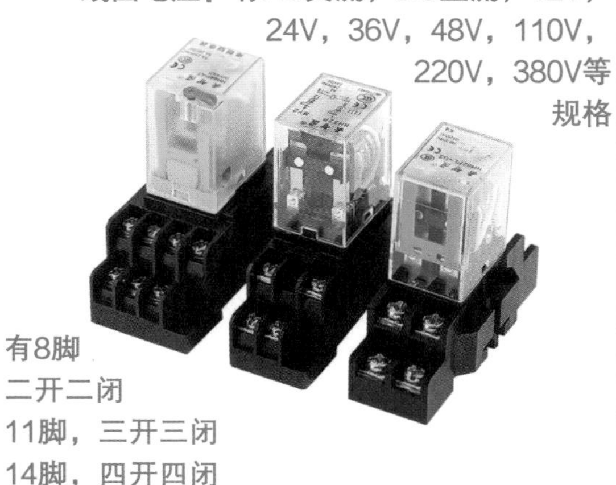

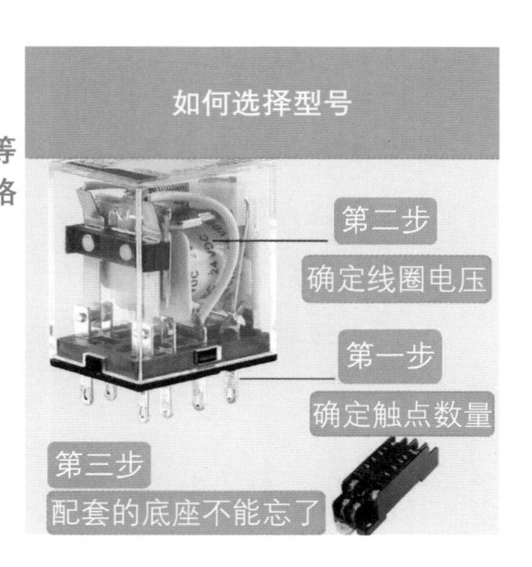

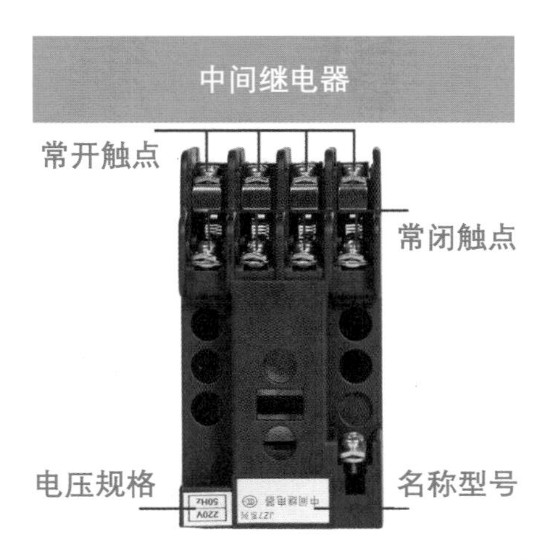

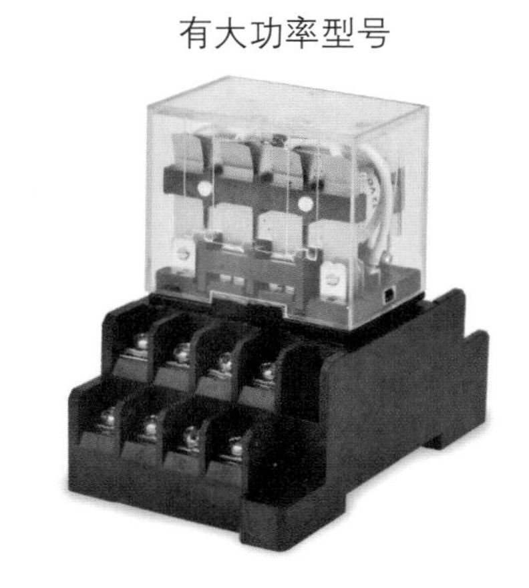

图1-17 中间继电器

如图1-17所示，中间继电器通常用来传递信号和同时控制多个电路，也可用来直接控制小容量电动机或其他电气执行元件。中间继电器的结构和原理与交流接触器基本相同，与接触器的主要区别在于：接触器的主触点可以通过大电流；中间继电器的触点组数多，并且没有主、辅之分，各组触点允许通过的电流大小是相同的，其额定电流约为5A。

中间继电器的电磁线圈所用电源有直流和交流两种。在继电保护与自动控制系统中，用来扩展控制触点的数量和增加触点的容量。在控制电路中，用来中间传递信号（将信号同时传给几个控制元件）和同时控制多条线路。具体来说，中间继电器有以下几种用途。

① 代替小型接触器。

② 增加触点数量。

③ 增加触点容量。

④ 转换接点类型。

⑤ 用作小容量开关。

⑥ 转换电压。

⑦ 消除电路中的干扰。

第2章 电工计算

2.1 欧姆定律

在同一电路中，通过某一导体的电流跟这段导体两端的电压成正比，跟这段导体的电阻成反比，这就是欧姆定律。

$I=U/R$，变形公式：$U=IR$，$R=U/I$。

2.2 功率计算

2.2.1 单相功率计算

$P=IU=I^2R=U^2/R$

读：功率 = 电流 × 电压 = 电流的平方 × 电阻 = 电压的平方 ÷ 电阻。

功率P单位为W，电流I单位为A，电阻R单位为Ω。

以前去应聘电工，考官出了一个题：有两个普通白炽灯泡，一个50W，一个200W，串联在220V的电路中，请问哪一个灯泡比较亮。

如图2-1串联电路分析所示，在串联电路中，电路的每一个节点电流是相等的，灯泡亮就是功率输出大，功率 = 电流^2 × 电阻，也就是说，在这个串联电路中，哪个灯泡的电阻大，哪个灯泡就更亮，显然50W的灯泡电阻更大。答案是：在这个电路中，50W的灯泡比200W的灯泡亮。

计算：

50W灯泡的电阻：

$R=U^2/P=220\text{V}\times220\text{V}\div50\text{W}=968\Omega$

200W灯泡的电阻：

$R=U^2/P=220\text{V}\times220\text{V}\div200\text{W}=242\Omega$

图2-1　串联电路分析

串联后功率：

$P=U^2/R=220\text{V}\times220\text{V}\div（986\Omega+242\Omega）\approx39.4\text{W}$

串联后电流计算：

$I=P\div U=39.4\text{W}\div220\text{V}\approx0.179\text{A}$

串联后50W灯泡实际功率：

$P=I^2R=0.179\text{A}\times0.179\text{A}\times986\Omega\approx31.6\text{W}$

串联后200W灯泡实际功率：

$P=I^2R=0.179\text{A}\times0.179\text{A}\times242\Omega\approx7.8\text{W}$

结论：

串联后50W灯泡实际功率31.6W，200W灯泡实际功率7.8W，所以50W灯泡比200W灯泡亮。

第5章在发热管星形连接中提到，三条发热管，每条4kW，星形连接，烧断一条，继续使用，那么发热管输出功率变成多少？

发热管烧断一条电路分析如图2-2所示，三条发热管星形连接，烧断一条，如果没有接零线，就等于两条发热管串联在380V上，我们只要算出两条发热管的电阻，就可以用公式算出两条发热管的实际功率输出。

星形连接发热管的额定电压是220V，则

$R=U^2/P=220\text{V}\times220\text{V}\div4000\text{W}=12.1\Omega$

烧断后功率计算：

$P=U^2/R=380\text{V}\times380\text{V}\div(12.1+12.1)\approx6\text{kW}$

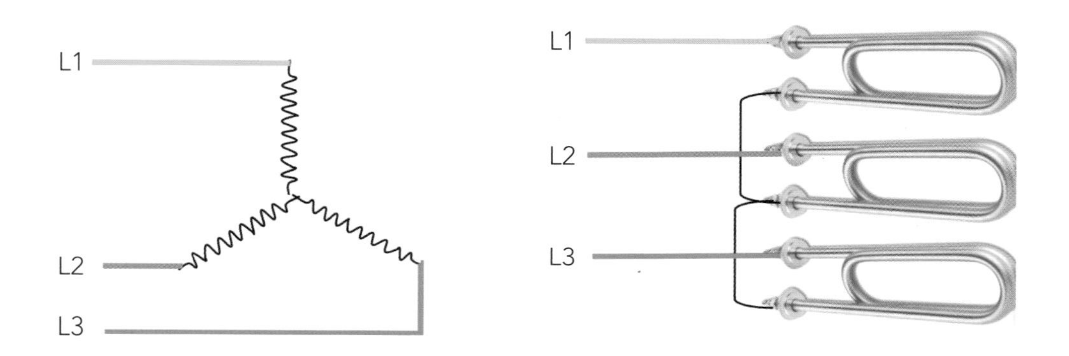

图2-2　发热管烧断一条分析

我们平时工作中遇到的这些计算并不多，这里只是告诉大家功率计算的方法，但是我们经常会被问到："我这里有5kW，应该用多大的线？"

大多数电工都会用经验告诉你，单相用电，1kW按5～6A电流计划线路容量；三相用电，1kW按2A电流计划线路容量。现在我们要知道这个经验值是这么来的：

根据$P=I\times U$，换算出电流$I=P\div U$，电流$I=1000\text{W}\div220\text{V}=4.545\text{A}$。

注意，这是纯电阻负载的电流值，要考虑到线路中大多数都有电容性负载和电感性负载，也就是考虑功率因数的问题，所以单相用电，我们都是按1kW负载计划5～6A的电流。

我们都知道，绝缘值必须大于0.5MΩ，那么这个0.5MΩ是怎么来的呢，我们也来做一个计算。

我们假设对地电阻是0.5MΩ，对地的电压是220V，计算出这个电阻的功率：

$P=U^2/R=220\text{V}\times220\text{V}\div500000\Omega=0.0968\text{W}$

根据$P=IU$换算出：

$I=P/U=0.0968\text{W}\div220\text{V}=0.00044\text{A}=0.44\text{mA}$

也就是说，只要绝缘值大于0.5MΩ，对地的漏电电流就小于0.44mA。人体对触电的感知电流是1mA，小于0.44mA的漏电电流对人体是相对安全的，所以，检查绝缘值都是必须大于0.5MΩ。

电能远距离输送都是采用高压或者特高压输送，其目的就是降低线路损耗，我们用一个简单的计算，来看看高压输送降低损耗的效果。

假设要输送的电能是10kW，线路电阻是20Ω。

当输送电压为1000V时，输送电流为

$I=P/U=10000\div1000=10\text{A}$

输送线路功率损耗为

$P=I^2R=10^2\times20=2000\text{W}$

当输送电压为10000V时，输送电流为

$I=P/U=10000\div10000=1\text{A}$

输送线路功率损耗为

$P=I^2R=1^2\times20=20\text{W}$

当输送电压为100000V时，输送电流为

$I=P/U=10000\div100000=0.1\text{A}$

输送线路功率损耗为

$P=I^2R=0.1\times0.1\times20=0.2\text{W}$

由此我们得出结论，当线路电压升高10倍，线路功率损耗降低10^2倍，也

就是100倍，所以说，国家花大力气搞特高压输送是很有经济价值的。

2.2.2 三相交流电功率计算

$P=\sqrt{3}\times I\times U\times \cos\Phi$

读：功率 = $\sqrt{3}$电流 × 电压 × 功率因数

式中 P——功率；

U——线电压；

I——电流；

$\cos\Phi$——功率因素，对于阻性负载，$\cos\Phi$取值1，对于感性负载，比如电机，$\cos\Phi$取值0.8。

问：一台20kW的设备，该怎么规划线路？

分析：20kW设备，如果单相用电，按5倍电流计算，电流超过100A，所以一定是考虑三相用电。

根据功率$P=\sqrt{3}\times U\times I\times \cos\Phi$得

$I=P\div\sqrt{3}\div U\div\cos\Phi$

$=20000\text{W}\div1.73\div380\text{V}\div0.8\approx38\text{A}$

注意，38A电流是三相交流电每一相的电流，计算电流没有总电流这么个概念。

38A的电流，和我们上面提到的经验值1kW2A电流很接近，我们可以给这台设备规划10平方（10平方的意思是导线的横截面积是10平方毫米）的线路，一般10×3＋2×6的线路就可以了。

至于多大电流用多大的线，这里有几篇工作日志，供大家参考。

功率与电流的计算

功率与电流的计算用公式$P=UI$，即功率＝电压×电流，换算过来就是功率÷电压＝电流。这是单相纯电阻负荷的计算公式，如是电感性负载，还要除以功率因数。

三相交流电的功率计算公式是$P=\sqrt{3}UI\cos\Phi$，即电流＝功率÷380V÷$\sqrt{3}$÷$\cos\Phi$。

特别注意

算出的结果是每一相的额定电流，电流中没有总电流一词，很多人总是把这个电流又去除以3，这是新手最易犯错的地方。

平常我们换算电流时，单相是每千瓦5A左右，三相每千瓦2A左右，不需再单独考虑功率因数，只有少数时候要注意。有个朋友装修一休闲会所，一千多平方主要是日光灯和单相的空调，正好日光灯全是电感镇流器式，空调和日光灯占九成以上的负荷，这时若不考虑功率因数，将留下很大隐患。这种电感镇流器式日光灯的功率因数为0.51，空调也只有0.6左右，而这种南方的休闲会所，在高峰时灯和空调都是全开的。1kW的日光灯的电流能达到9～10A，是很多人都没想到的。

日志 导线的电流比

电工大多熟悉这样一个用线径估算电流的口诀：十下五，百上二，二五三五四三界，七零九五二对半，铜线加一级，穿管温度八九折。这口诀简单好记，十平方以下乘以五，百平方以上乘以二，二十五以下乘以四，三十五以上乘以三，七十到九十五乘二点五。好铜线可放宽到上一级，穿管和环境高温要打八九折。

从事电工这些年，每当遇到配线，我都会根据功率换算出最大电流值，再套用口诀，基本没出多大问题，但有几次经历印象深刻。

在东莞装修一间两千平方米的无尘车间，包括所有照明、空调系统、8台工业烤炉、1座隧道式大型烤炉，所有的配线都没有问题，倒是那一百多张工作台的照明出了问题：这种工作台每张台有8条36W的电感镇流器式日光灯管，我们把两张工作台用插头连在一起，再引一插头插在天花板的插座上，当时算了一下，16条灯管功率也就500多瓦，估计电流超不过3A，所以插头线用的是1.5平方的橡胶护套软线。当然，老板买的是非标线，每条插头线也不到1米长，在交工时，对方电工说插头线发烫，要求更换，我们都觉得奇怪了，算了电流不超过3A，电缆线怎么会发烫，用电流表去测量，电流超过5A，以为是哪儿出问题了，测量了好多都是5A，看了镇流器上的标签，才认识到这种电感镇流器的功率因数只有51%，看上去只有500多瓦的日光灯，要算一千瓦左右的功率，电流5A多是正常的，加上1.5平方的非标线可能也就1平方左右，所以线有点发热，有40℃左右，肯定是不会出问题的，只是摸着发热，一般人难以接受。

还有一次，要临时安排在约二百平方米的车间布置生产线，估计也就用三五个月，主要大功率的设备就是三台烤炉（2kW/台）、二台UV机（3kW/台），都是单相用电，其余都是几十瓦的小功率电动工具，正好布置了三条生产线。我计算了一下，只要分配合理，每条线都不会超过6kW，也就是30A电流，所以我用4条6平方的国标软芯BV线从二级配电箱引来一组三相电，3条生产线每条一分为二，用4平方的线接4个插座，每条生产线8个插座，UV机和烤炉用专用插座，防上负荷集中，把这6组线均匀分配在三相电上，后来生产时，我去检查，配电箱非常热，用UV机那组线电流达到20A左右，摸到线非常烫，测量线体温度达到45℃上下，测量3条电源线，每条电流都28～29A，那段时间我心里好紧张：把负荷算得太满，为老板节省无人知道，可是要出点事我的责任就大了。

经历了这件事，在后来的用电规划中，我都特别谨慎，一般电流比只作满负荷的60%，最高也不超80%，保证用电安全。

可是，时间久了，还是会大意，去年冬天，在一个施工工地出的状况让我当时惊出一身冷汗。

施工现场有两处集中照明，每处六层，每层8只125W的自镇流卤素灯，我把每三层并一组接进临时照明配电箱，这样就有4组照明，因为还预留两组别处照明，所以这4组分配到三相电上，有一相上就分到了两组，从三级配电箱到照明配电箱是5×6的电缆线，线路不长，感觉线不是很热，但三级箱里的配线是4平方的BV软线，测量了一下电流，最大一相电流达到28～29A，其余20A左右，虽然有点担心，但考虑在电箱内，相当于裸线，也就未特别在意，每天都会注意线路发热情况，用了两个月，有一天负荷最大的一路突然把三级箱内的4平方配线烧断，这一下吓得不轻，赶快又引了一组线到照明箱，再不敢把两组照明加到一相上了。

事后测算，加上别处的一些分散照明，正好那天又接了个临时地拖线使用电动工具，这路线上最高承受了约8kW的功率，电流接近40A，还好未酿成大事故。

根据我个人体会，电流比达到口诀的60%，线体基本不发热，达到80%有明显发热，达到100%线体温度会相当热，通常会有40多摄氏度，作为持续性负荷最好把100%作极限，非持续性负荷可加大20%，偶尔用一下的设备可超50%，超过50%的负荷电压降也下降得厉害，使用时间不要超过半小时，否则对线路、对设备危害都很大。

作为电工，工作中经常会有成功的喜悦，潜在事故的隐忧，这些都不是谁都能理解得了的，所以我写下来，和同行们一起分享。

2.2.3 零线电流计算公式

三相负载分两种，一种是三相平衡性负载，另一种是三相不平衡负载。三相平衡的负载，一般都是单一的负载，比如三相电机、三相加热管等，对于三相平衡的负载，零线一般没有电流（有一种特殊情况，就是三相电加热设备，如果发热管不是接触器控制，而是可控硅或者其他晶闸管控制，零线会有很大的电流，甚至超过相线的电流。希望广大电工朋友注意）。

对于绝大多数用电负载，基本上都是三相不平衡负载，三相不平衡负载会导致零线有不平衡电流，计算出零线电流，就可以通过调整，合理配置零线线径。

三相用电零线电流计算公式为

$$I=\sqrt{I^2_A+I^2_B+I^2_C-I_{AB}-I_{BC}-I_{AC}}$$

例：A相电流10A，B相电流20A，C相30A，求零线电流多大？

将数据代入公式得

$$I=\sqrt{10^2+20^2+30^2-10\times20-20\times30-10\times30}\approx17.3\text{（A）}$$

计算出电流大概为17.3A，这个就是三相不平衡负载中零线或者中性线电流的计算方法。

注意

电路有电阻性负载、电感性负载、电容性负载。这是按纯电阻电路作计算的计算方法，实际工作中可能很难有纯电阻电路，基本上都是三种负载共同存在。

当交流电流过电容器时，电容两端的电压相位会滞后电流90℃；当交流电流过电感时，电感两端的电压相位会超前电流90℃；当交流电流过电阻时，电压和电流是同相位的，即相位差为0。

所以，在一些比较极端的情况下，即使三相负载电流基本平衡，零线也可能出现很大的电流，甚至超过相线电流，这也是电工工作经常会遇到的特殊场景，可以通过调整负载相序、增加零线线径等办法来解决。

空气开关和漏电保护器

3.1 空气开关

空气开关又名空气断路器，是断路器的一种，是一种只要电路中电流超过额定电流就会自动断开的开关，如图3-1所示。

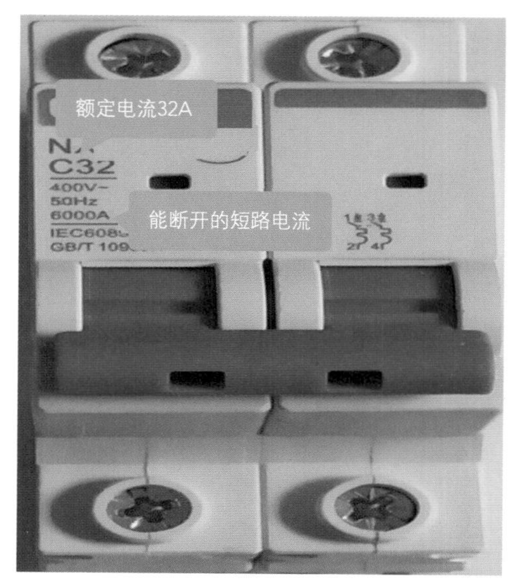

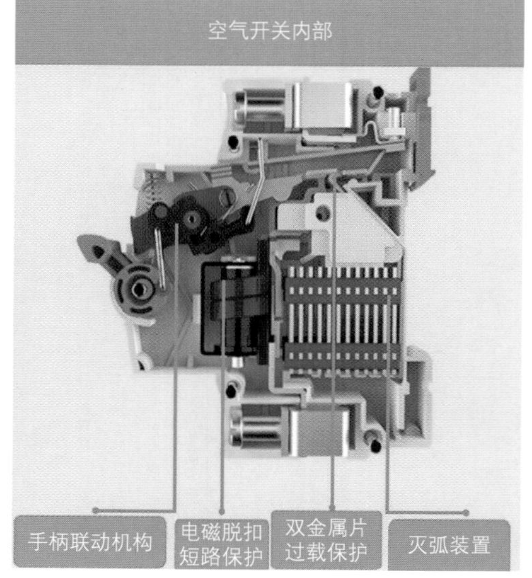

图3-1　空气开关

空气开关一般分为1P、2P、3P、4P，都有过载和短路保护功能。过载是应用电流热效应原理，以热敏双金属片作为敏感元件的过载保护，也就是利用双金属片发热弯曲推动脱扣机构跳闸；短路保护是利用短路电流经过线圈产生的电磁力推动跳闸。

需要注意的是，双金属片本身是发热元件，线路发热会叠加在双金属片上，额定电流40A的空气开关，如果线路比较细，环境温度高，在电流20多安就启动保护也是正常的。另外，选择保护电流值，通常要按最大实际电流的2倍选择开关的额定电流，如果线路长期都有20A电流，使用开关是20A左右，那么开关就长期处于双金属片发热引起的高温环境，开关处于快要保护的临界点，则开关的塑料会变性，长期这样，开关性能下降，该跳不跳，不该跳经常跳。

有一种情况，就是有的开关经常出现跳闸，一般是出现在早上，比如一些大型广告牌，一开就跳闸，然后推上一天都不跳，这种情况跳闸的原因大概率是分布电容引起的。早上第一次打开，通电瞬间，分布电容会形成很大的充电电流引起跳闸，电容是储能元件，不消耗电能，所以再次推上就不会跳闸了。这种情况，换一个稍大一点的开关就好了。

有人会问："我这路线能够承受的最大的极限电流才20A，开关大一倍，选择40A，是不是我的线路烧断开关都不会跳？"我说，等不到20A的极限电流就会跳。对于极限电流为20A的线，假设20A的时候，线路温度会到150℃，那么在线路到15A的时候，温度就会有80～90℃，线路的温度会叠加到开关上，双金属片是发热元件，它上面的温度会始终比线路高几十摄氏度。根据经验，一般这个开关达到50～60℃就会跳闸，也就是说，过载保护虽然是按电流值来保护，但实际原理是按温度值来保护的，只要线路的温度值很高了，开关就能保护。

基于这个原理，如果有的线路负荷过大，经常跳闸，也不能就简单地把开关换大，要解决线路发热问题才是根本，要么增加线路，要么减少负荷。

3.2 漏电保护器

漏电保护器简称漏电开关，又叫漏电断路器，主要是用来在设备发生漏电故障时以及对有致命危险的人身触电保护，具有过载和短路保护功能，可用来保护线路或电动机的过载和短路，亦可在正常情况下作为线路的不频繁转换启动之用。

漏电开关分为1P＋N、2P、3P、3P＋N。漏电开关同时有过载保护、短路保护和漏电保护三种功能，过载保护及短路保护和空气开关的保护原理是一样的。漏电开关结构如图3-2所示，漏电保护是让开关的电源线都穿过一个电流检测线圈，电流流过导体会产生磁场，流出线圈节点的电流和流入线圈节点的电流方向相反，产生的磁场极性相反，正好相互抵消，也就是感应电流为零（基尔霍夫电流定律：对于任一闭合回路，对于任一节点，在任一时刻，流入节点的电流之和等于流出节点的电流之和）。当线路漏电时，就是有一部分电流没有经过原来的闭合回路，而是经过大地或者别的线路形成回路，那么流入和流出的电流不再相等，这个线圈就会感应出电流，经过电路比较放大，使跳闸线圈得电，实现保护。

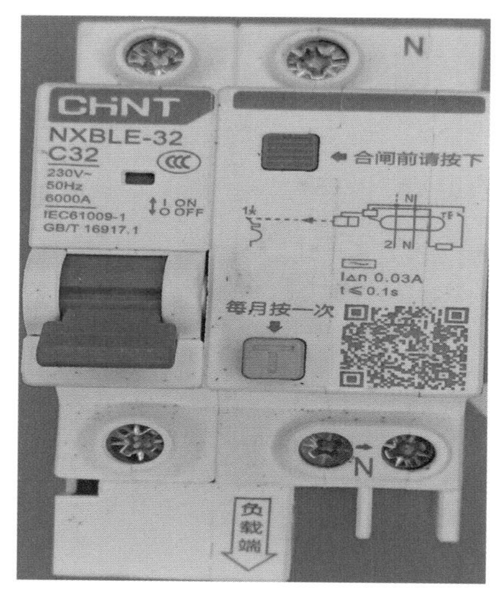

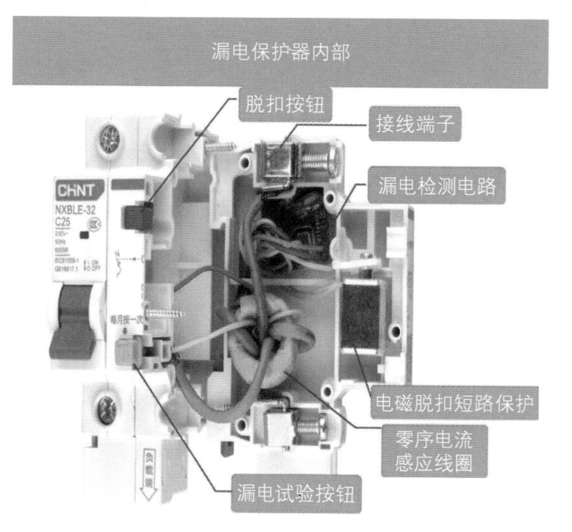

图3-2　漏电保护器结构

漏电开关有一个漏电电流值，一般大于等于这个值就会跳闸。在工地上都采用三级配电，逐级保护，一般三级漏电电流是10～30mA，二级是50～100mA，一级是150～300mA。理论上漏电首先跳三级漏保，再跳二级漏保，最严重的才跳一级漏保，比如在住宅小区，一般家庭漏电都是先跳家里的漏保，严重的才跳单元的总漏保。但在工地上，一般跳闸都是三级开关一起跳，那是因为工地漏电一般都是线路破皮或者设备损伤造成，漏电都比较剧烈，超过了所有漏电的保护值。家庭漏电是一个逐渐变大的过程，所以容易得到顺序保护。

短路也是一样，短路电流一般都是瞬间达到几百安到上千安。漏电开关不分大小，在短路保护上都是短路瞬间跳闸，没有电流下限值设定，有一个参考上限，图3-2中的漏电保护器上限值为6000A，如果短路电流超过6000A，不一定能有效断开。

⚠ 提示

空气开关和漏电保护器虽然有多种保护，但所有的保护都不是万能的。有的线路发生燃烧，所有开关都没有跳，这是经常见到的现象，许多人把责任推到开关质量上，说是劣质开关造成的。开关质量不好可能只是原因之一。其实，根本原因是线路接口或者负载接触不良，长期接触不良就会在接触点形成接触电阻，加剧接触不良，在故障点形成高温，使故障点附近塑料碳化，引起发热，最终燃烧，这是一个逐渐形成的过程。这种情况对于开关来说，识别不了，即使燃烧起来了，只要金属部分没有碰到一起就不能形成短路电流，也就不能引起短路保护，所以，一旦发现开关插座有烧灼的痕迹，要及时更换处理，被免发生事故。

日志 说说漏电开关

经常看到发生电器线路燃烧后，许多人都会说，这些开关太差了，线都燃烧起来了还没有跳闸，这里面有开关质量的原因，但更多的是对漏电开关的原理不了解的错误说法。漏电开关一般具备漏电保护、短路保护、过载保护三种保护功能。

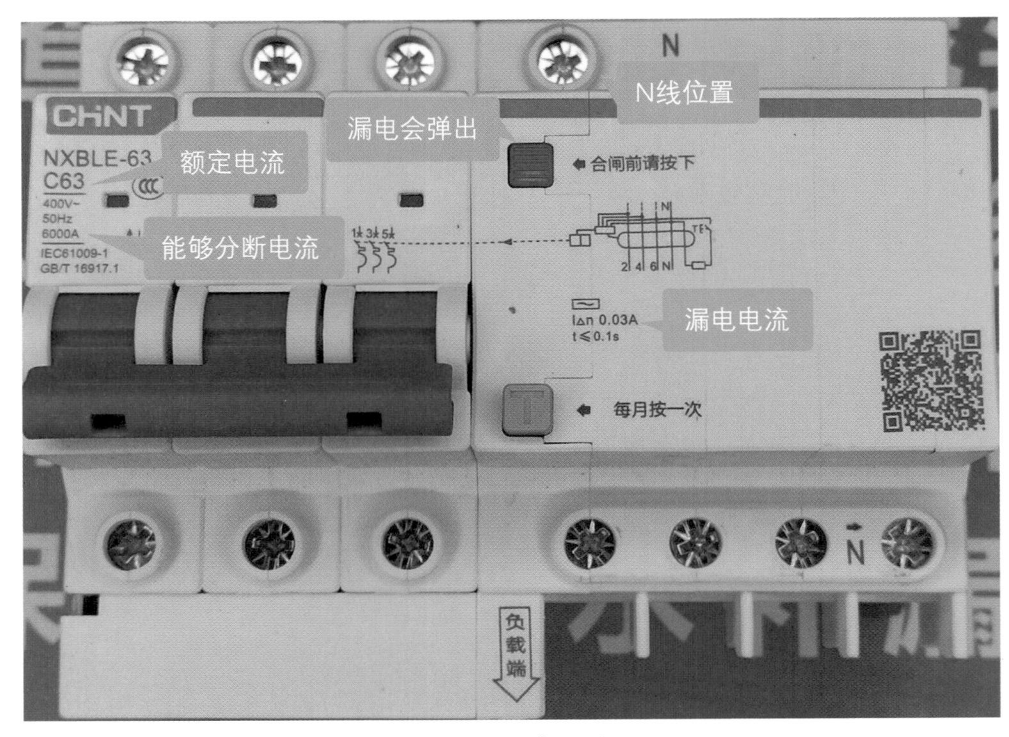

图3-3　漏电开关

如图3-3所示，C63代表额定电流，就是负载电流超过63A就会过载保护。实际上如果环境温度过高、导线发热、接触不良都叠加到开关上，负载电流达到额定电流的一半以上就可能产生保护，要根据实际情况做相应的处理。

图3-3中6000A是能够分断的电流，短路电流是非常剧烈的电路事故，瞬间电流可能非常大，可以大到几百甚至几千安，这个漏电保护器在短路电流为6000A以下时可以有效断开。

短路保护的原理是电流流过导体就会产生磁场，电流越大，产生的磁力就越大，大的磁力可以推动机构跳闸。有时候电路短路了，但是电流只有几十安，这个电流不一定能够触发短路保护，虽然此时已经超过了过载保护，但因为过载保护是开关内部双金属片发热弯曲，推动开关跳闸，反应没有短路那么快，所以有时候线路已经燃起来了，还没有跳闸。接触不良的插头插座如图3-4所示，一些插座和插头接触不良，开始只是插头发热，发热到一定程度绝缘塑料就碳化，就形成负载，逐渐发生燃烧，这种电路故障所有保护开关都无法识别形成保护，这就是线路发生燃烧而开关没有跳闸的大多数原因。

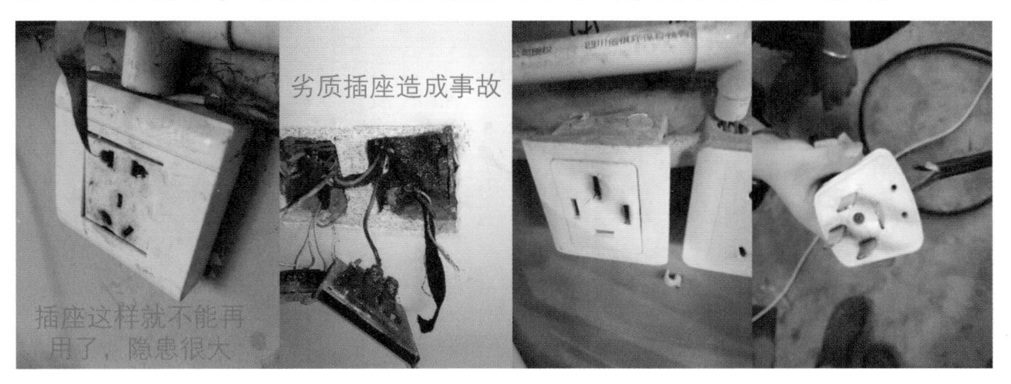

插头插座一旦有烧灼的痕迹就不能用了，要及时更换，后面已经碳化的线也要剪掉，不然换上新的会很快烧坏，插头插座一定要换质量好的

图3-4　接触不良的插头插座

日志 没有地线怎么检测漏电

第一种方法是绝缘电阻测量法。作一条参考地线，检测用参考接地线如图3-5所示，金属楼梯、防护栏、主体钢筋、室外电线杆拉线等接地良好的地方都可以引一条线做参考地线，和正规地线差不多。

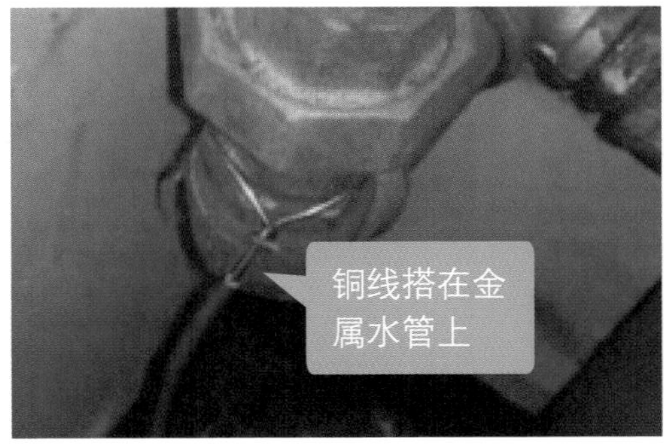

图3-5

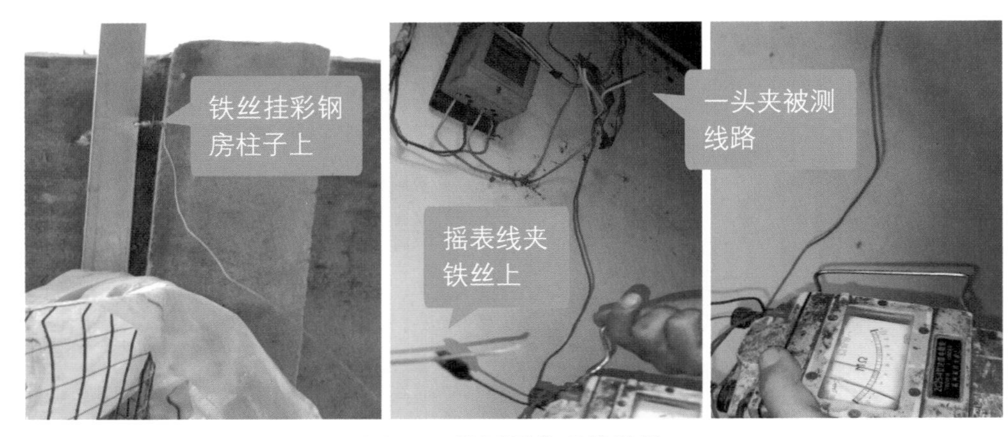

图3-5 检测用参考接地线

第二种方法是电流法。关掉开关，保证零线完全悬空，用万用表电流法测漏电如图3-6所示，万用表选择电流挡，表笔一头连电源，一头连要测的线，可以测出漏电电流。

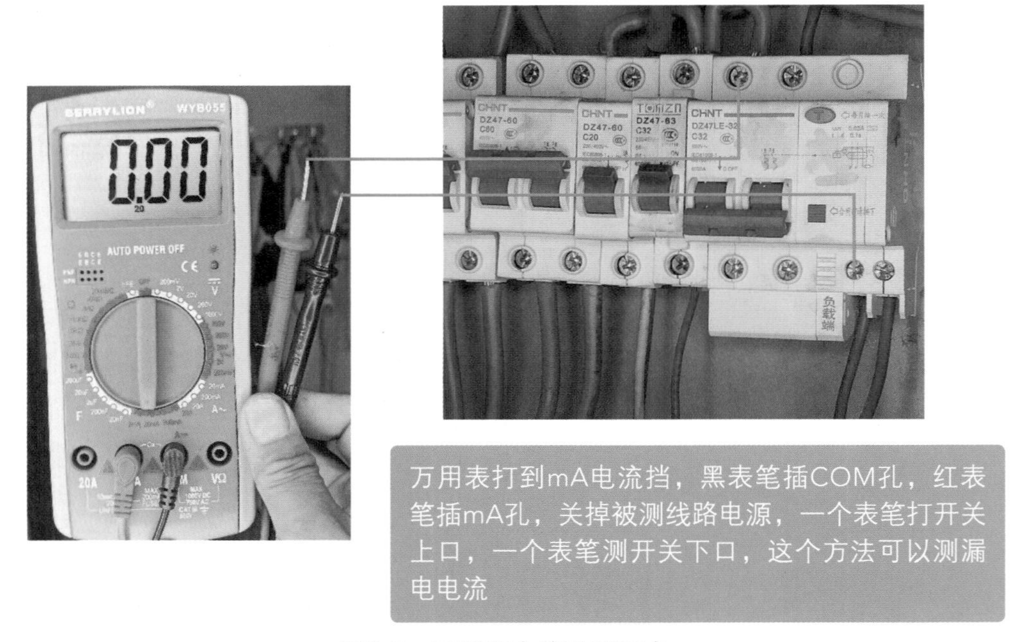

图3-6 万用表电流法测漏电

漏电开关跳闸的案例分析

先说情况：

有一间微机室共70台电脑，分为ABC三组，A组28台，B组 28台，C组14台（但只插了10台电脑）。总进线为三相四线，三相分别是6平方的铜芯线，分别分给各个组，零线公用。空气开关带漏电保护器分别是 20A、20A、16A。

故障：

布好线后，未开电脑，仅仅是电脑连接在插座上送电，发现AB两组合不上闸，C组间歇性合不上。但是，不插电脑可以合闸，且合上闸以后再开电脑一切正常。有时候合闸后其他组已合上的闸会跳闸。

已经使用过的解决方法：

① 怀疑ABC组有电脑短路，用万用表量了以后未发现短路。

② 怀疑空气开关过小，换了63A带漏保后，变为间歇性合不上闸。

③ 怀疑总进线零线过小，增加1根10平方零线，问题依然存在。

④ 怀疑电脑漏电，摇表分别测量以后排除。

⑤ 怀疑总进线火线太细，由配电房直接拉1根10平方火线直接供电，问题依旧。

⑥ 怀疑因电脑存在轻微漏电导致超过30mA，将B组28台电脑分为5个小组，4组6台，1组4台，分别加装空气开关，5个小组间歇性合不上闸。

⑦ 将空气开关增加到100A后，合不上闸的情况大为减少，但仍存在合不上闸的情况。

⑧ 怀疑ABC组插座接线存在轻微碰线或火零接反，已将所有插座全部打开检查，未发现异常。

⑨ 将地线断开，并将漏电保护器拆除，合不上闸的情况减少，但仍存在合不上闸的情况。

情况补充：

用钳形电流表测试，所有电脑开启后电流为15A、14A、5A不等，合闸时瞬间电流最高到24A，其他均为5～6A。

从处理故障的方法看，这是一个电工新手，先后判断了有可能出现的多种情况：漏电、短路、开关容量小、线细、火零接反、地线带电、火地接反、地零弄错、电脑坏等。他的分析逻辑混乱，所列举的任何一种故障，都只会引起一路跳闸，不管多大的工程，三路都出问题的可能性几乎没有，这样并没有找到真正的原因，仅凭猜测在毫无依据的情况下盲目维修，把简单的问题越弄越复杂了。

首先来分析他列举的线细和开关容量小的问题。在电脑没开机之前，电脑再多也只有开关通电瞬间有充电电流，即使充电电流大到开关合上就跳，也只跳一次，第二次合闸就不跳了。因为电脑的电源主要为电容充电，只有合闸瞬间电流会大一下，之后待机功耗很小可忽略。换线也属于碰运气，线细会发生在电脑全部开机之后电线发热，也会运行好长时间才会跳，也只会跳一路。

再分析漏电、火零接反、火地接反、零地接反、地线带电的情况。首先火零接反不会引起跳闸，如果线路绝缘良好，地线带不带电和有没有地线都不会引起漏保跳闸，有这种想法就是不明白原理。至于漏电和零地接反确实能引起跳闸，但通常也不会三路都有问题，而且通过查线和摇表都很容易查出来。

至于短路和电脑故障，也只会引起一路发生故障。由于短路和电脑故障是最明显的故障，所以很易看出，是最先就能排除的原因。

再分析总零线过小和三相用电问题。在一般情况下，三相负荷平衡，总零线电流为零，三相不平衡，零线也只约等于最大相电流减去最小相电流，也就是零线几乎不会超过相线电流。

综合分析，问题应该出在“零线公用”，不知是从哪儿公用的，因为总进线是三相四线，分开关是漏电开关，如果总开关不是4P漏保，总零接在零排上（总开关若是4P漏保，那么电源的零只能接4P漏保上口，不能接零排上），然后分开关的上口零线从零排上接，这时零线共用没错，可是过了分漏保的零线不能共用，不能接混，不能和分开关下口以外的线组成回路，否则跳闸，这应该是这起故障的原因。这个故障的电路分析如图3-7所示。

我处理过好多漏保跳闸的故障，对于这类故障，要有清醒的头脑，要有必定能搞好的信心，没有任何漏电是查不出原因的。

一次，处理一跳闸故障，线是明装的，我关了所有的开关，拔出所有的电器还是跳闸，我就把每个房间的接线处全部拆开，最后发现是引入厨房的线接头遇水造成的。

还有一次，处理一层办公室，也是关完所有开关，拔出所有电器仍然跳闸，后来就拆线，拆完了发现有一处线埋墙里了，剪掉重拉线就好了。

这两起故障都是别的电工说修不了的，其实是一种畏难情绪。我通常说，通通拆了，重新接过，没有处理不了的漏电！

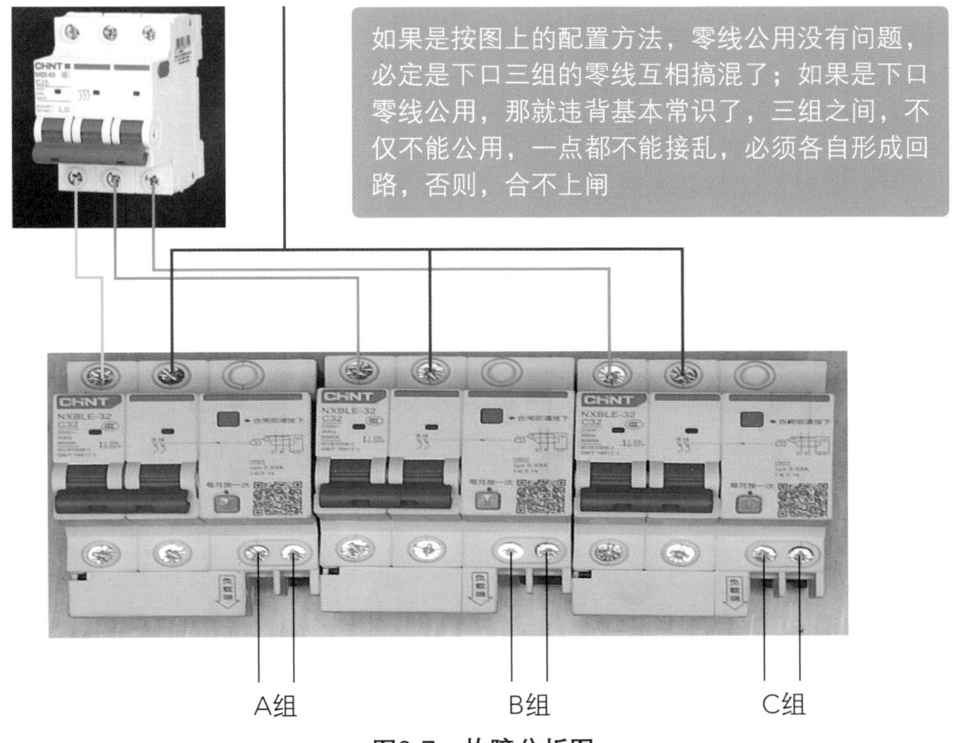

图3-7　故障分析图

漏电开关的原理分析

基尔霍夫电流定律：对于任一闭合回路，对于任一节点，流入该节点和流出该节点的电流矢量代数和为零。

漏电开关就是根据基尔霍夫电流定理制造出来的，在这个开关内部，有一个电流感应线圈，开关的所有线同时从这个线圈穿过，这个电流线圈相当于后面闭合回路的节点，在没有漏电的情况下，流入该节点和流出该节点的电流相等，这个电流互感器就感应不到有电流通过，也就是感应电流为零，这个零不是零线的零，漏保不是非得要零线才能保护，漏保必须是闭合回路，如果出漏保的零线被别的回路用了，或相线和别的回路的零线组成回路，就相当于漏电，开关就会跳。漏保有1P＋N、2P、3P、3P＋N几种形式。3P和3P＋N这两种形式，如果只用到其中两条线，一火一零或两相火、三相火，不管用电是否平衡，只要是形成闭合回路，就能有效保护，漏电必跳。

许多人都会问这样一个问题：把一条很长的电源线盘起来，这条线会不会发热很厉害，这条线可能是一火一零，也可能是三条火线，也可能是三火一零等。当然不考虑电源线本身因电阻发热的因数。有人说会，电线盘在一起，相当于电感线圈，会形成涡流，一方面阻碍电流通过，一方面会产生高温。

我说不会，想想漏电开关的原理就明白了，电流流过导体是会形成磁场，流入的电流和流出的电流形成的磁场极性相反，相互抵消了，所以不会形成涡流。有人说接那种两相380V的电焊机时会形成，我说肯定不会，谁见过漏保会因为三相用电不平衡而跳闸呢。只有单根的导线盘起来才会形成涡流，我就看见过把很长的焊把线盘起来烧掉的现象。

电工仪表

4.1 电笔

电笔是一种辅助工具，比如我们要进行线路检修，操作时需要再次确认是否有电，用电笔就很方便，但如果在做故障分析时，电笔的测量结果只能作为参考。如果经验不足，很多时候电笔会导致判断错误。

如图4-1所示的这组电笔，第一支是氖泡电笔，测试带电体时氖泡直接发光；第二支是感应电笔，靠近带电体就能够感应到是否有电，不需要直接接触到带电体的金属部分，这个很好用，建议电工配置，特别是电缆线找断点方便；第三支和第四支是数显电笔，是能够直接显示电压的电笔。

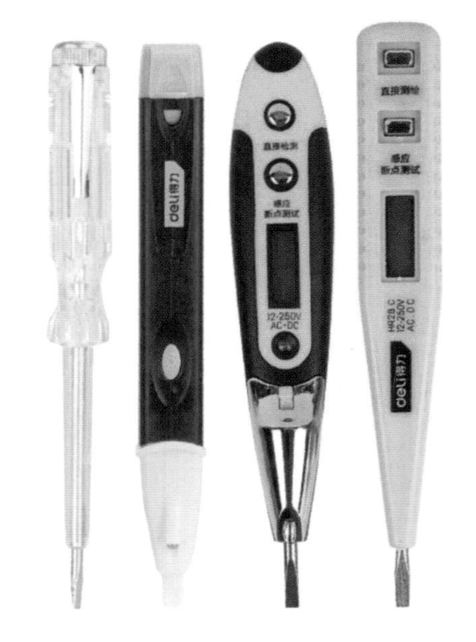

图4-1 电笔

下面就将氖泡电笔测量结果与故障作一个分析。

第一，220V的单相用电正常的线路，两条线测量时是一条亮，一条不亮。如果两条线都亮，一般是零线断了，可以再往前面测量，到一条亮、一条不亮那里就是故障点；如果两条都不亮，一般是火线断了，则先检查火线。有时候一条亮，一条不亮，看似正常，就是电灯不亮，可能火线虚接的故障。

第二，三相四线或者三相五线中，正常情况是三条火线亮，零线和地线都不亮。如果测量中有一相火线不亮，零线或者地线有一条亮，或者零线和地线两条都亮，或者两条都不亮，这时候就要区别对待。火线有一相不亮，零线、地线都不亮，说明火线断；火线有一相不亮，零线、地线都亮，可能地线断了，可能火线接地了；火线有一相不亮，零线亮，地线不亮，可能零线断了，这时候不能简单根据电笔亮与不亮做判断，一定要参考其他方面的因素作判断，电笔测量对应的结果如表4-1所示。表中结果仅供参考。

表4-1 电笔测量对应的结果

用电类型	A相	B相	C相	零线	地线	可能性1	可能性2
家用单相线路			亮	不亮	不亮	正常	
			亮	亮	不亮	断零	
			不亮	不亮	不亮	火线断	
			亮	不亮	亮	地线断	火线接地
三相用电线路	亮	亮	亮	不亮	不亮	正常	
	亮	不亮	亮	不亮	不亮	B相断	
	亮	亮	亮	不亮	亮	地线断	地线虚接
	亮	不亮	亮	不亮	亮	地线断	B相接地
	亮	不亮	亮	亮	亮	B相接地	地线断
	亮	亮	亮	亮	不亮	断零	零线虚接

4.2 万用表

万用表通常有三种：钳形万用表、指针万用表、数字万用表。

4.2.1 钳形万用表

钳形万用表如图4-2所示。钳形万用表最大的优点是测电流比较方便，只需要用钳口夹在单根电源线上，就可以直接测量出线路的电流。

现在单独的钳形电流表比较少，一般都是和万用表组合在一起，所以很多时候都叫它钳形万用表。钳形万用表由电流互感器和电流表组合而成。电流互感器的铁芯在捏紧扳手时可以张开；被测电流所通过的导线可以不必切断就可穿过铁芯张开的缺口，当放开扳手后铁芯闭合。

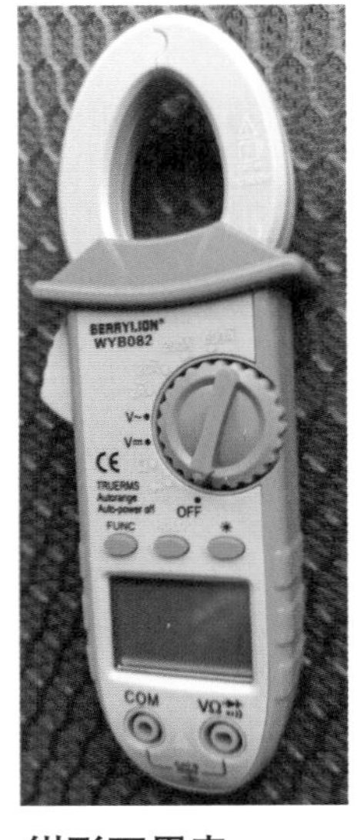

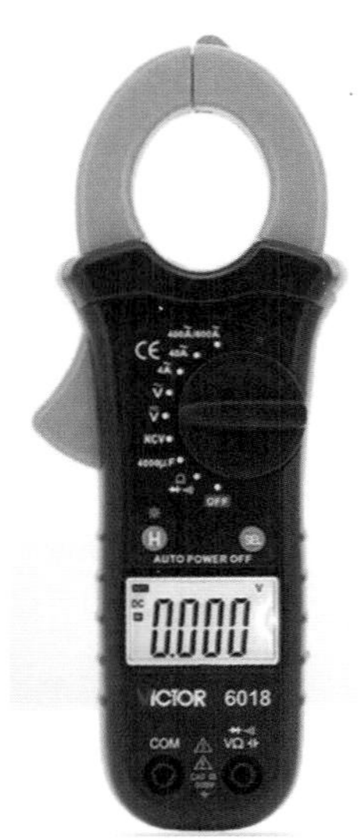

图4-2　钳形万用表

通常用普通电流表测量电流时，需要将电路切断停机后才能将电流表接入进行测量，这是很麻烦的，有时正常运行的电动机不允许这样做。此时，使用钳形万用表就显得方便多了，可以在不切断电路的情况下来测量电流。

钳形万用表的工作原理如下。

穿过铁芯的被测电路导线就成为电流互感器的一次线圈，导线通入电流便在二次线圈（互感器）中感应出电流，从而使与二次线圈相连接的电流表指示出被测线路的电流。

钳形万用表可以通过转换开关的拨挡改换不同的量程，但拨挡时不允许带电进行操作。

为了使用方便，表内还有不同量程的转换开关供测不同等级电流以及测量电压的功能。

钳形万用表的使用方法如下。

用钳形万用表检测电流时，一定要夹入一根被测导线（电线），夹入两根则不能检测电流（注意：两根或者多根并成一条线的是可以夹一起的）。另外，使用钳形万用表时，导线尽量放在中心检测，检测误差小。用直流钳形万用表检测直流电流（DCA）时，如果电流的流向相反，则显示出负数，可使用该功能检测汽车的蓄电池是充电状态还是放电状态。

漏电检测的方法。

漏电检测与通常的电流检测不同，两根（单相二线）或三根（三相三线）或4根（三相四线）要全部夹住，也可夹住接地线进行检测。在低压电路上检测漏电电流的绝缘管理方法，已成为首要的判断手段。

钳形万用表使用注意事项如下。

① 进行电流测量时，被测载流体的位置应放在钳口中央，这样产生误差小。

② 测量前应估计被测电流的大小，选择合适的量程，在不知道电流大小时，应选择最大量程，再根据指针适当减小量程，但不能在测量时转换量程。

③ 为了使读数准确，应保持钳口干净无损，如有污垢时，应用汽油擦洗干净再进行测量。

④ 在测量5A以下的电流时，为了测量准确，应该绕圈测量。

⑤ 钳形万用表不能测量裸导线电流，以防触电和短路。

⑥ 测量完后一定要将量程分挡旋钮放到最大量程位置上。

4.2.2 指针万用表

指针万用表的优点是显示直观，干扰较少，内部电路简单，不容易坏。指针万用表如图4-3所示。

指针万用表是一种多功能、多量程的测量仪表，一般可测量直流电流、直流电压、交流电流、交流电压、电阻等，有的还可以测电容量、电感量及半导体的一些参数。

指针万用表的工作原理是利用一只灵敏的磁电式直流电流表（微安表）作表头。当微小电流通过表头，就会有电流指示。但表头不能通过大电流，所以，必须在表头上并联与串联一些电阻进行分流或降压，从而测出电路中的电流、电压和电阻。

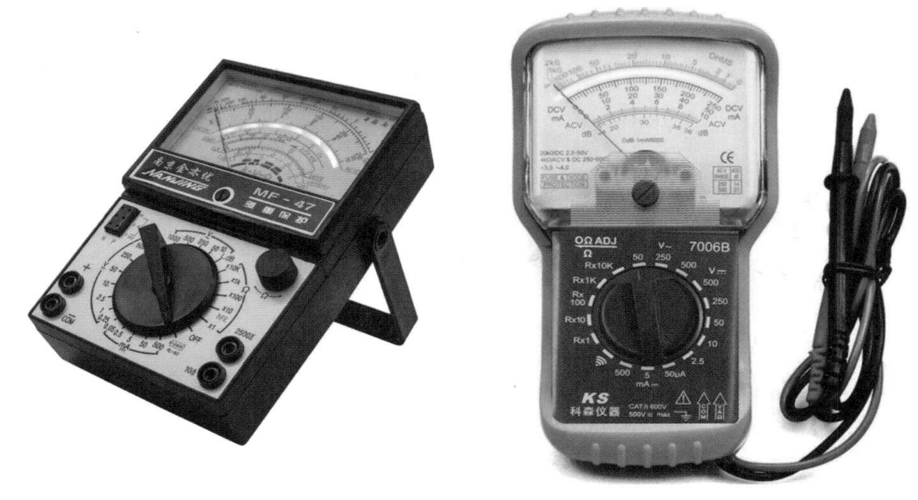

图4-3　指针万用表

下面介绍电压和电阻的测量。

（1）电压测量

① 把万用表并接在被测电路上，测量直流电压时，应注意被测点电压的极性，即把红表笔接电压高的一端，黑表笔接电压低的一端。如果不知被测电压的极性，可按前述测电流的试探方法试一试，如指针向右偏转，则可以进行测量；如指针向左偏转，则把红、黑表笔调换位置，方可测量。

② 为了减小电压表内阻引入的误差，在指针偏转角大于或等于最大刻度的30%时，测量尽量选择大量程挡。因为量程愈大，分压电阻愈大，电压表的等效内阻愈大，被测电路引入的误差愈小。如果被测电路的内阻很大，就要求电压表的内阻更大，才会使测量精度高。此时需换用电压灵敏度更高（内阻更大）的万用表来进行测量。

③ 在测量交流电压时，不必考虑极性问题，只要将万用表并接在被测两端即可。另外，一般也不必选用大量程挡或选高电压灵敏度的万用表。因为

一般情况下，交流电源的内阻都比较小。值得注意的是被测交流电压只能是正弦波，其频率应小于或等于万用表的允许工作频率，否则就会产生较大误差。

④ 不要在测较高的电压（如220V）时拨动量程选择开关，以免产生电弧，烧坏转换开关的触点。

⑤ 在测量大于或等于100V的高电压时，必须注意安全。最好先把一支表笔固定在被测电路的公共地端，然后用另一支表笔去碰触另一端测试点。

⑥ 在测量有感抗的电路中的电压时，必须在测量后先把万用表断开再关电源。不然会在切断电源时，由于电路中感抗元件的自感现象，可能会产生高压而把万用表烧坏。

（2）电阻测量

① 测量时应首先调零，即把两表笔直接相碰（短接），调整表盘下面的零欧调整器，使指针正确指在0Ω处。这是因为内接干电池随着使用时间加长，其提供的电源电压会下降，在电阻为0时，指针就有可能达不到满偏，此时必须调整串联电阻大小，使表头的分流电流降低，来达到满偏时对电流的要求。

② 为了提高测试的精度和保证被测对象的安全，必须正确选择合适的量程挡。一般测电阻时，要求指针在全刻度的20%～80%的范围内，这样测试精度才能满足要求。

由于量程挡不同，流过R×挡位上的测试电流大小也不同。量程挡愈小，测试电流愈大，否则相反。所以，如果用万用表的小量程欧姆挡R×1、R×10去测量小电阻，则R×上会流过大电流，如果该电流超过了R×所允许通过的电流，R×会烧毁，或把毫安表指针打弯。同时量程挡愈大，内阻所接的干电池电压愈高，所以在测量不能承受高电压的电阻时，万用表不宜置在大量程的欧姆挡上。如测量二极管或三极管的极间电阻时，就不能把欧姆挡置在R×10k挡，不然易把管子击穿。只能降低量程挡，让指针指在高阻端。但前面已经指出电阻刻度是非线性的，在高阻端的刻度很密，易造成误差增大。

③ 用作欧姆表使用时，万用表内接干电池，对外电路而言，红表笔接干电池的负极，黑表笔接干电池的正极。

④ 测量较大电阻时，手不可同时接触被测电阻的两端，不然，人体电阻就会与被测电阻并联，使测量结果不正确，测试值会大大减小。另外，要测电路上的电阻时，应将电路的电源切断，不然不但测量结果不准确（相当再外接一个电压），还会使大电流通过微安表头，把表头烧坏。同时，还应把被测电阻的一端从电路上焊开，再进行测量，不然测得的是电路在该两点的总电阻。

（3）注意事项

万用表是比较精密的仪器，如果使用不当，不仅造成测量不准确而且极易损坏仪表。但是，只要我们掌握万用表的使用方法和注意事项，谨慎从事，那么万用表就能经久耐用。使用万用表时应注意如下事项。

① 测量电流与电压不能旋错挡位。如果误用电阻挡或电流挡去测电压，极易烧坏电表。万用表不用时，最好将挡位旋至交流电压最高挡，避免因使用不当而损坏。

② 测量直流电压和直流电流时，注意“+”“-”极性不要接错。如发现指针开始反转，应立即调换表笔，以免损坏指针及表头。

③ 如果不知道被测电压或电流的大小，应先用最高挡，而后再选用合适的挡位来测试，以免表针偏转过度而损坏表头。所选用的挡位愈靠近被测值，测量的数值就愈准确。

④ 测量电阻时，不要用手触及元件裸体的两端（或两支表笔的金属部分），以免人体电阻与被测电阻并联，使测量结果不准确。

⑤ 测量电阻时，如将两支表笔短接，调“零欧姆”旋钮至最大，指针仍然达不到0点，这种现象通常是由于表内电池电压不足造成的，应换上新电池

方能准确测量。

⑥ 万用表不用时，不要旋在电阻挡，因为表内有电池，如不小心易使两根表笔相碰短路，不仅耗费电池，严重时甚至会损坏表头。

▶微信扫码◀
数字万用表使用方法

4.2.3 数字万用表

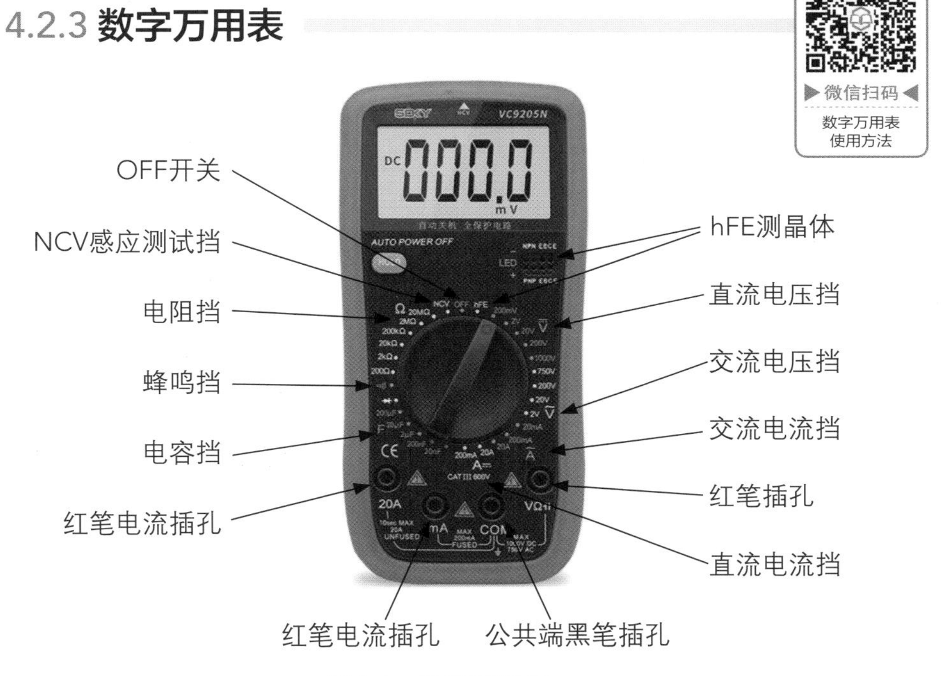

图4-4　数字万用表

数字万用表如图4-4所示。

① 从OFF开始右拨，第一个挡位是hFE挡位，这个挡位用来测晶体管，显示屏右下角有插孔，把三极管直接插孔里面，显示屏会显示数值。

② 直流电压挡，量程是200mV～1000V，首先把挡位拨到对应的电压，红笔插VΩ孔接正，黑笔插COM接负，表上显示直流＋电压值。

③ 挡位往下拨，就是交流电压挡，量程为750V至200mV，黑笔还是插COM，红笔插VΩ，被测物体可以不分红黑笔，显示交流电压有效值。

④ 交流电流挡，量程有20A、200mA、20mA三个挡位，黑笔接COM，电流在20A以内时，红笔插20A孔，电流小于200mA时，红笔插mA孔。注

意，电流20A以内，还要考虑表线能不能承受，所以，尽量不要用这个挡位。mA挡测量漏电还是很好用，但需要把表串联到被测电路中，初学者不建议使用。

⑤ 直流电流挡，黑笔插COM，红笔插20A或者mA，显示直流电流。

⑥ 电容挡位，黑笔插COM，红笔插CX（mA），量程是20nF到200μF。

⑦ 二极管挡，测量二极管。

⑧ 蜂鸣挡，黑笔插COM，红笔插VΩ，打在蜂鸣位置，电阻小于50Ω会蜂鸣响。

⑨ 测电阻值，量程200Ω～200MΩ。

4.3 摇表

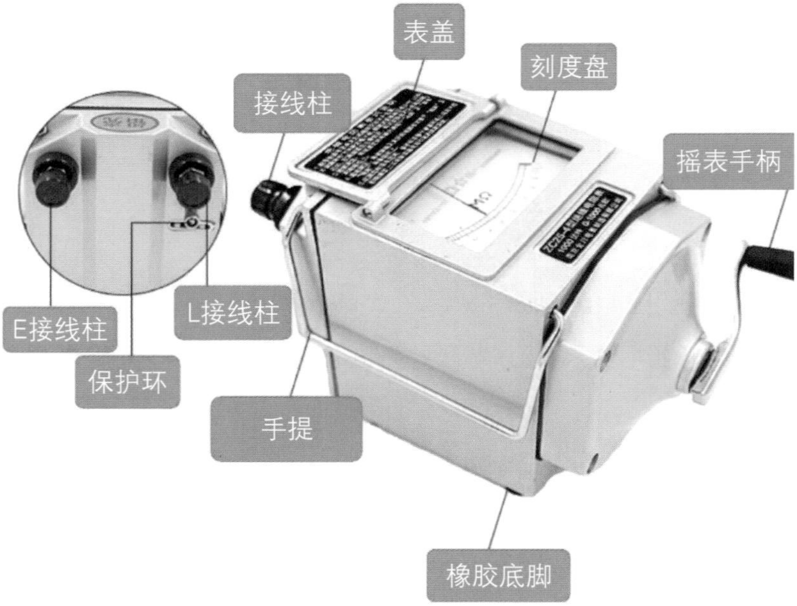

图4-5 摇表

如图4-5所示，摇表又称为兆欧表，从量程上分一般有500V、1000V、

2500V三种规格。

在测量绝缘值时，有时候用万用表测量没有问题，但线路就是漏电跳闸，此时就只有摇表才能准确测量出真实的绝缘电阻值。因为万用表里面电池的电压只有几伏，不能反映真实场景的状况，摇表能够给被测物体加上一个几百伏到几千伏的电压，能够真实再现被测量物体的通电状况。

4.3.1 摇表的使用

① 校表。测量前应将摇表进行一次开路和短路试验，检查摇表是否良好。将两连接线开路，摇动手柄，指针应指在"∞"处，再把两连接线短接一下，指针应指在"0"处，符合上述条件者即良好，否则不能使用。

② 被测设备与线路断开，对于大电容设备还要进行放电。

③ 选用电压等级符合的摇表。

④ 测量绝缘电阻时，一般只用"L"和"E"端，但在测量电缆对地的绝缘电阻或被测设备的漏电流较严重时，就要使用"G"端，并将"G"端接屏蔽层或外壳。线路接好后，可按顺时针方向转动摇把，摇动的速度应由慢而快，当转速达到120r/min左右时（ZC-25型），保持匀速转动，1min后读数，并且要边摇边读数，不能停下来读数。摇表测绝缘如图4-6所示。

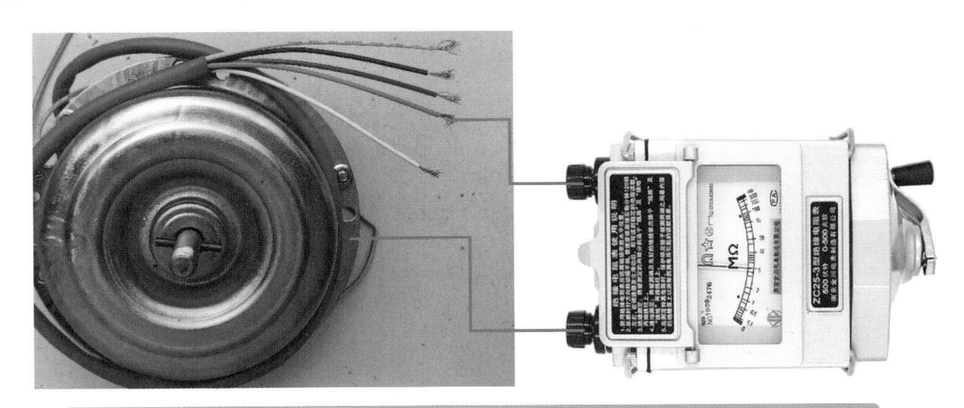

图4-6 摇表测绝缘

⑤ 拆线放电。读数完毕，一边慢摇，一边拆线，然后将被测设备放电。放电方法是将测量时使用的地线从摇表上取下来与被测设备短接一下即可（注意不是摇表放电）。

4.3.2 注意事项

① 禁止在雷电时或高压设备附近测绝缘电阻，只能在设备不带电，也没有感应电流的情况下测量。

② 摇测过程中，被测设备上不能有人工作。

③ 摇表线不能绞在一起，要分开。

④ 摇表未停止转动之前或被测设备未放电之前，严禁用手触及。拆线时，也不要触及引线的金属部分。

⑤ 测量结束时，对于大电容设备要放电。

⑥ 要定期校验其准确度。

绝缘电阻值到底有多大?

前几天，领导问我电动工具绝缘电阻值测试栏中电阻值填多少（大公司都要做安全资料整理），我当时说，3MΩ～20MΩ之间随便填。

因为根据以往的经验，一般电机、电动工具等设备的新的绝缘电阻都比较高，但使用了一段时间之后，电阻值都会在1MΩ～20MΩ之间，说3MΩ～20MΩ之间是留有余地的。

可是昨天，领导打电话问我是不是搞错了，人家电仪队填的是200～300MΩ，而我们填的是5MΩ、6MΩ、7MΩ、8MΩ，差得太大了，问怎么回事。

我上网查了一下，手持式电动工具分一类和二类，一类是指带接地保护的，绝缘不得低于1MΩ，通常是三脚插头；二类是不带接地保护的，是绝缘比较好的，绝缘电阻不得低于7MΩ，是两脚插头。我把规定对领导说了，领导大笔一挥，把5MΩ、6MΩ、7MΩ、8MΩ前添个1，变成15MΩ、16MΩ、17MΩ、18MΩ，这下肯定没问题了。

过了一会儿，电仪队的队长又找来了，他说人家说我们填的没问题，那他们的就有问题了，他用500V摇表摇过，确实是200MΩ，我还有点不信，和他一起去摇，结果超过500MΩ。又去摇了几样工具，都是300MΩ以上，人家还写小了。

我用过两次摇表，一次是给风机接临时电，当时是向别的单位借的125平方的铝芯电缆，该电缆是用过多次的，有好几处都有破损，当时把破损切掉还有一百来米，把该包的包好埋在地下50cm，用500V摇表测相间绝缘只有2～3MΩ，电缆检测如图4-7所示，当时有好几位工程师都不敢表态，因为平时新电缆绝缘电阻都超过100MΩ，而我以前是在南方工作，经常接触到用过的电缆，绝缘电阻几兆欧是正常的，所以我说肯定没问题，后来证明也确实没一点问题。

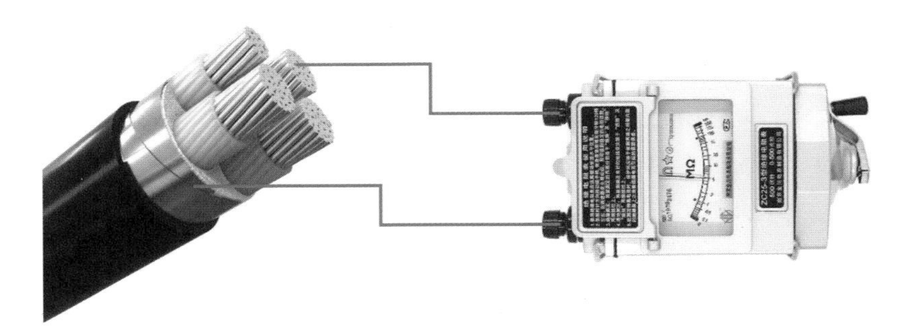

电缆检测，就是检测每一条线和钢铠之间的绝缘值以及每一条线之间的绝缘值

图4-7　电缆检测

另一次是前段时间有个手持式切割机，切地板砖那种，因为切地砖要喷水，后来切割机就漏电了，我用万用表测量，绝缘只有几十千欧了，我把切割机拆开，放水管下冲，用刷子洗净，再烘干，后来用摇表测，绝缘电阻达到十几兆欧，这个切割机一直用到现在都好好的。

现在看来，我说的没错，电仪队也没错，绝缘电阻值通常是只有下限，没有上限。一般情况下，普通电机电线等绝缘大于0.5MΩ就能正常使用，电动工具类必须大于1MΩ，二类手持电动工具大于7M，而认真检测绝缘电阻，必定不是齐刷刷地一排数字，应该是从几兆、十几兆、二十几兆到百兆到无穷大才对。

第5章

电路的星形接法和三角接法

5.1 星形接法和三角接法的区别

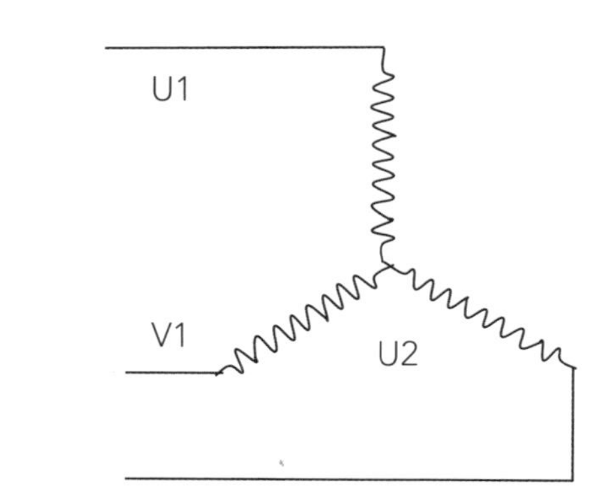

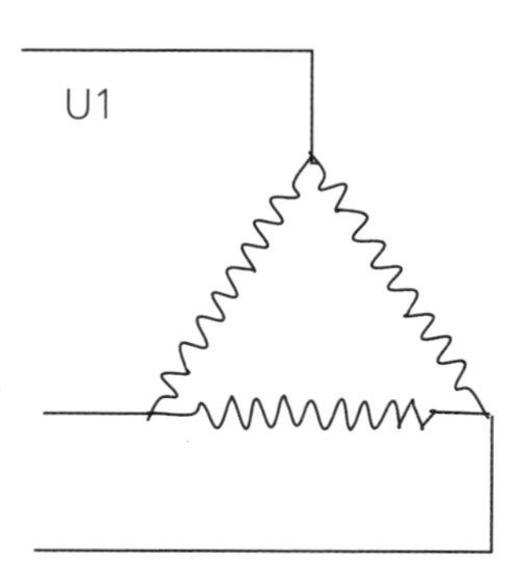

(a) Y（星形）接法

(b) Δ（三角）接法

图5-1　星形接法和三角接法

一说星形接法和三角接法，大多数人都想到的是电机。其实发热管和变压器都用到这两种接法，只是电机用得最广泛，我们就先从电机说起，电机的星形接法和三角接法如图5-1所示，它们有什么区别呢？

（1）电压的区别

这里的电压是指负载承受的电压。电源电压都是一样的。电机星形接法指将电机的三个绕组末端接在一起，连接点为中性点，三绕组首端为电源端，分别接ABC三相，电气连接图像字母“Y”，如图5-1（a）所示，这样，每两个绕组通过中性点形成串联接三相电源的其中两相，每两个绕组承受的是线电压380V。如果不是星形连接，只是两个单独的绕组串联接380V，那么每个绕组平均分配电压是190V。因为是星形连接，每个绕组承受的电压就是电源端到中性点的电压，这个电压是220V，这就是星形连接的特点，这个电压正好和相电压相等，所以星形接法每个绕组承受的电压是相电压。线电压是相电压的$\sqrt{3}$倍。

电机的三角接法是三个绕组首尾相连，电气连接图就像一个三角形，所以叫三角接法，如图5-1（b）所示。三角接法的绕组直接承受线电压。三角接法中，线电压等于相电压。

（2）电流的区别

在星形接线的绕组中，相电流和线电流是同一电流，它们大小相等。在三角接线的绕组中，相电流是指流经负载的电流，而线电流是指流经线路的电流，线电流是相电流的$\sqrt{3}$倍。

由于电机绕组电压三角接法是星形接法的$\sqrt{3}$倍，所以当电机在电源相同的情况下，三角接法改成星形接法，则电流就只有三角接法的1/3。

总结：

三角接法时，相电压等于线电压；线电流等于$\sqrt{3}$倍的相电流。

星形接法时，线电压是相电压的$\sqrt{3}$倍，而线电流等于相电流。

5.2 星形接法和三角接法的应用

三角接法和星形接法在很多地方都用到，变压器、电动机、发热管都有这两种接法，是电工必须熟悉的接线方法。

变压器的内部就有很多种接法组合，我们一般接触不到，这里主要说一说电动机和发热管的星三角接法。

5.2.1 电动机星三角连接

电机上面都有一个铭牌，上面有接线方法，如图5-2所示。

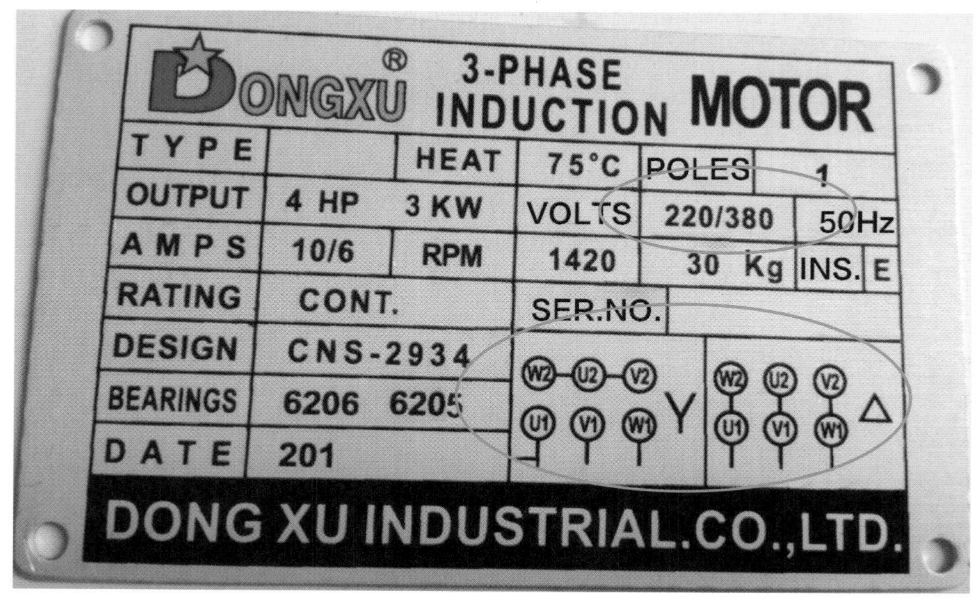

图5-2　电机铭牌

电动机定子绕组的接线方式与电动机的额定电压有关。当铭牌上标明220/380，接线方式为△/Y时，表示电动机用于220V线电压时，三相定子绕组应接成三角形；用于380V线电压时，三相绕组需接成星形。接线时不能任意改变接法，否则会损坏电动机。

电机的端子盒里面把绕组的头尾顺序已经布置好了，只需要把连接片按图例连接，自然就接成星形接法或者三角接法，比较简单方便。

一般情况下，4kW以上的电机基本都是三角接法，3kW以下的电机都采用星形接法。大多数电机的连接片在出厂时就连接好了，默认的是380V线电压，所以不用改动。有一部分电机要出口，或者生产线是220V的线电压，那么，对于3kW以下、铭牌上额定电压220/380的电机，因为出厂是星形接法，则只需要改成三角接法，就可以正常使用。

对于很多单相电源，使用220V变频器，变频器输出的是三相220V，这时候也要把连接片从星形连接改成三角连接。

电机的启动方式有星三角降压启动、自耦降压启动、软启动、变频启动等，我们平时接触到最多的星三角降压启动。星三角降压启动是指启动时电机绕组星形连接，运行时电机绕组三角连接。一般电机在启动时负载轻、运行时负载重，通常笼型电机的启动电流是运行电流的5～7倍，而电网对电压波动要求一般是不超过±10%，为了使电机启动电流不对电网电压形成过大的冲击，就需要采用星三角启动。星三角启动是成本最低的启动方式，也是应用场景最多的启动电路，作为电工一定要掌握。

星三角降压启动的接线方式如下。

首先，我们要把接线盒里的连接片拆下来不用，星三角降压启动主回路接线如图5-3所示。

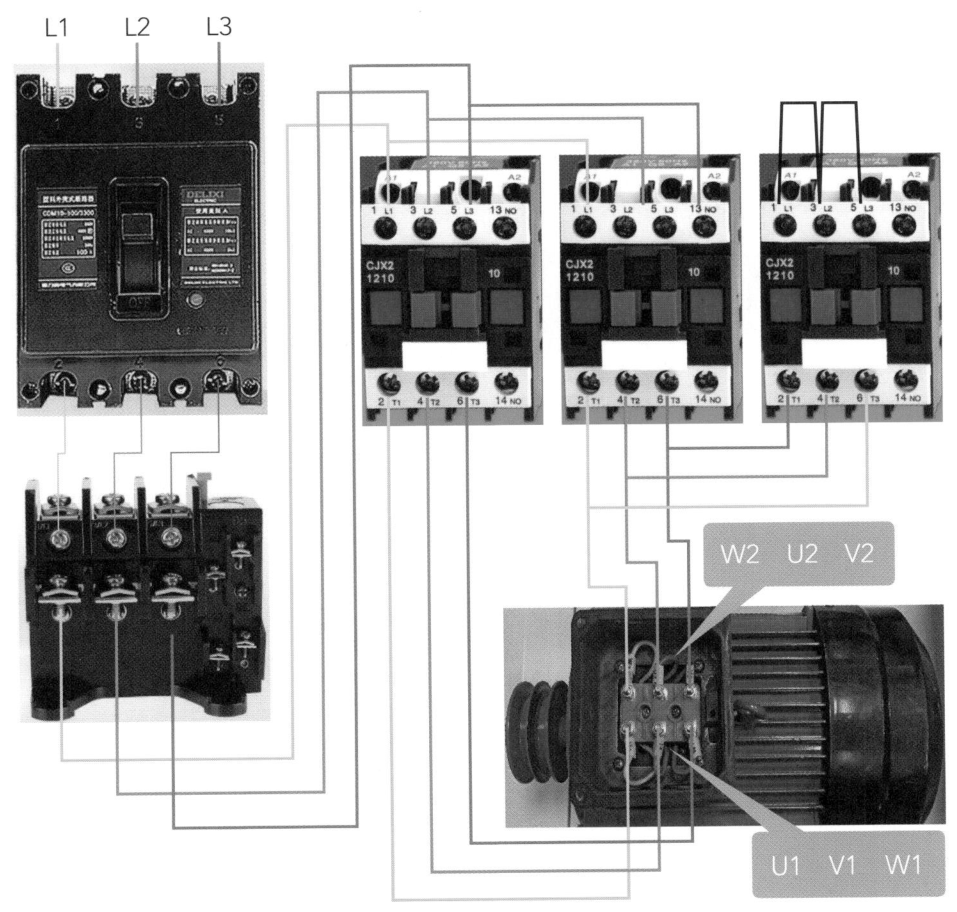

图5-3 星三角降压启动主回路接线图

把每一个接线端子的线直接引出来，把引出来的线每一条的两头都标上一模一样的标识，分别是U1－V1－W1，U2－V2－W2，把线连接在接触器主回路上。一定要仔细检查在三角接法时，接线是不是和接线端子盒里面用连接片接的一样，接触器吸合，一定是U1接V2、V1接W2、W1接U2，或者U1接W2、V1接U2、W1接V2，这两种情况都是正确的。三角接法的两种形式如图5-4所示。

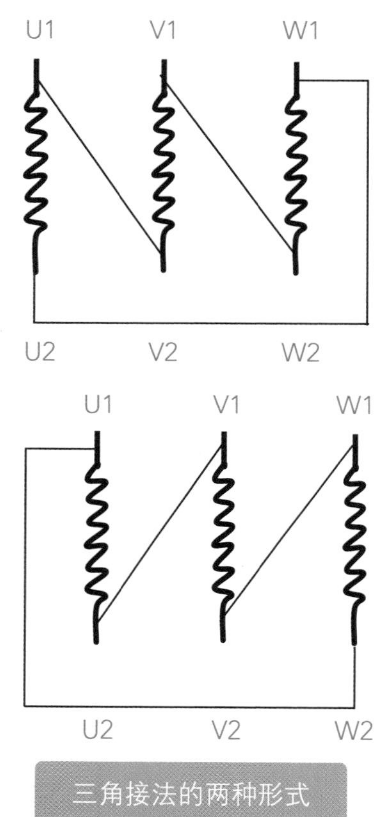

图5-4　三角接法的两种形式

还有一种特殊情况，就是双速电机，如图5-5所示。电源三相分别接U1－V1－W1，U2－V2－W2悬空，电机组成三角连接，这时电机低速运行。当电源三相分别接U1－V1－W1，同时U2－V2－W2短接时，电机绕组组成双星形连接，这时电机高速运行。

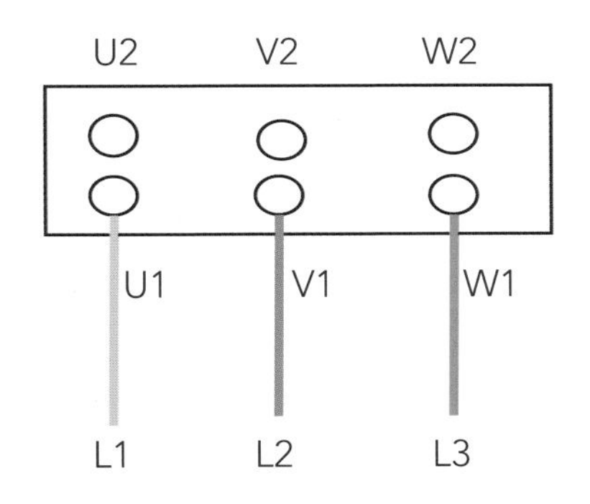

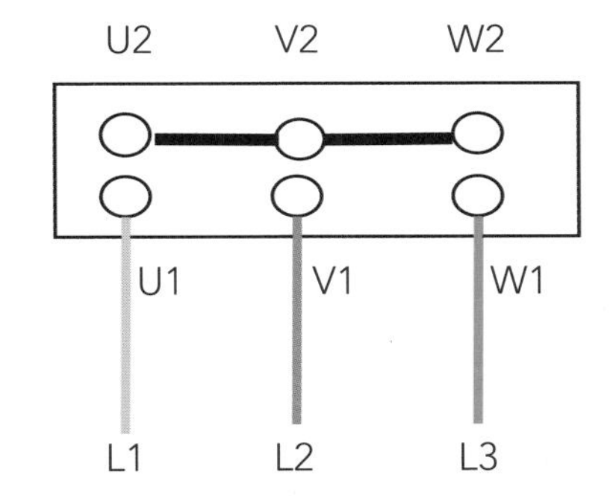

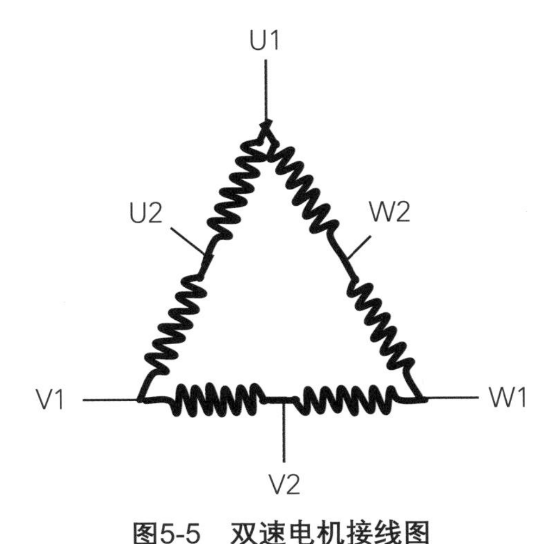

图5-5　双速电机接线图

5.2.2 发热管星三角连接

发热管的星形连接和三角连接如图5-6所示，发热管都有额定电压标识，如果电压是220V，380V的线电压就只能接成星形连接，如果接成三角连接，则功率增大3倍，发热管很快烧坏。同样，如果发热管的额定电压是380V，就只能三角连接，如果接成星形连接，则功率输出只有原来的三分之一，设备不能正常使用。

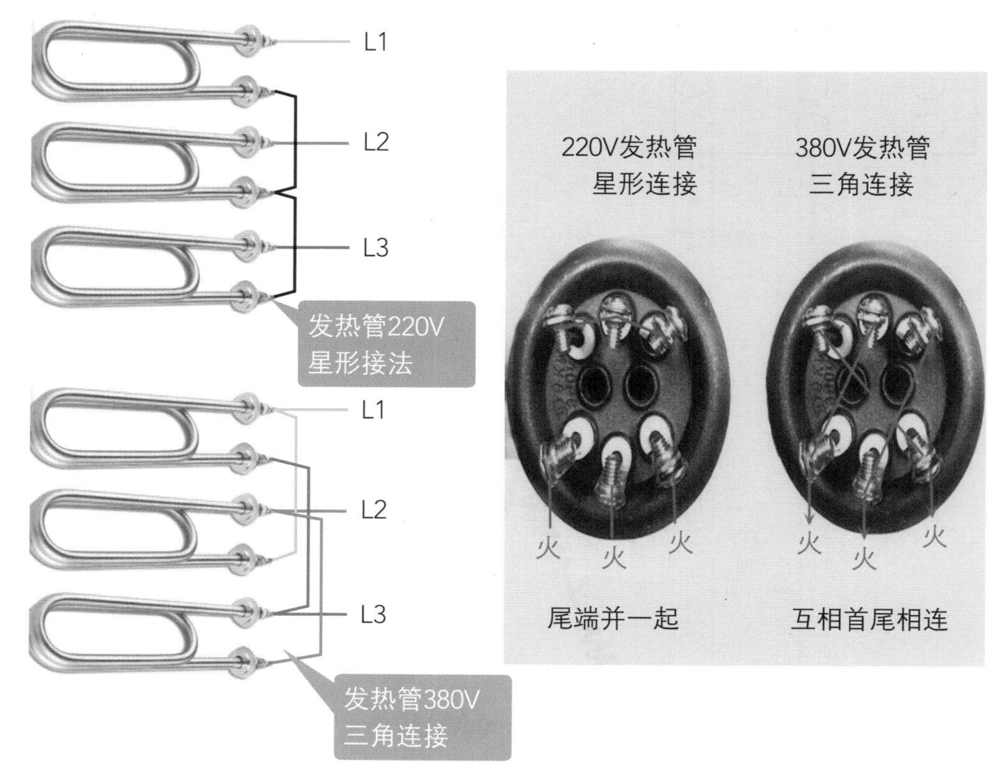

图5-6　发热管星形连接和三角连接

星形连接比较好接，不管有多少发热管，按三条一组，所有发热管的头平均分配到三相电源上，所有发热管的尾连接在一起，就组成星形连接。连接在一起的点叫中性点，对于三相对称负载，中性点没有电流，可以不接零线，但最好接零，因为发热管免不了有个别烧坏，有烧坏，就不再是三相对称负载，零线就会有电流。

我们以三条4kW发热管为例，如果没有零线，总功率12kW，如果烧断一条，就变成两条4kW发热管串联在380V线路上，发热管的实际电压为每条平均190V，两条发热管实际功率输出不是8kW，而是变成6kW。如果烧断两条，因为没有零线，就完全没有发热管工作了。但是如果中性点接了零线，情况就不一样了，烧断一条，还有8kW输出，烧断两条，还有4kW输出。

如果发热管的额定电压是380V，只要发热管超过三条，就必须用三角法连接。有人说，既然是380V，把每一条两头都接上一相不就好了，我要告诉你，如果不接成三角接法，就根本无法实现平均分配负载，如果发热管很多，接到后面，你会完全搞不清楚该接到哪一相。

多条发热管的三角连接如图5-7所示，图中一共有12条发热管，可以分成三条一组，按A头B尾接L1，B头C尾接L3，C头A尾接L2，把每一组都引出来L1－L2－L3，再把所有的L1并一起，L2并一起，L3并一起，分别接三相电源，接出来就是三角连接，这样负载就非常平衡。

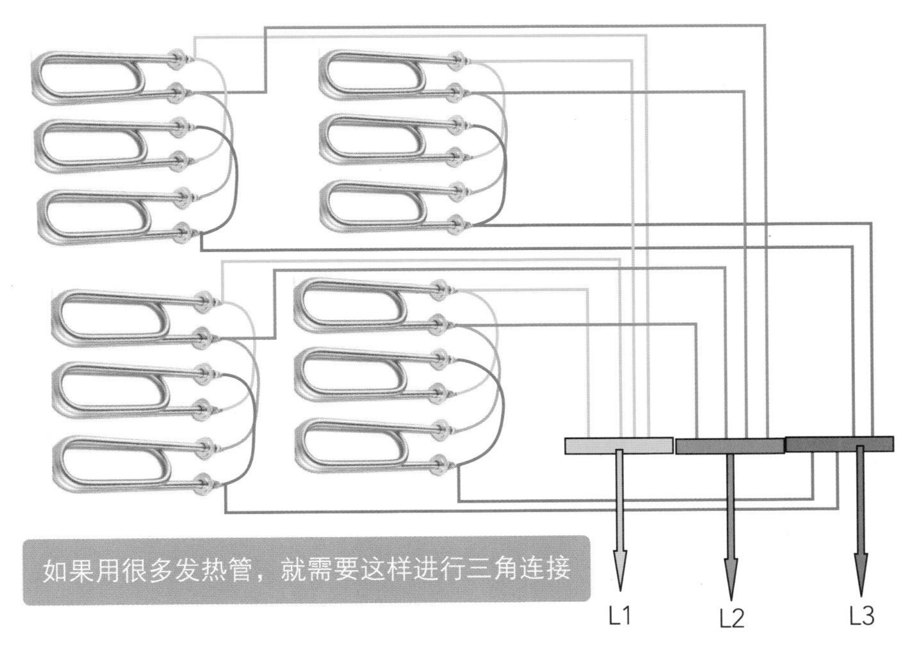

图5-7　多条发热管的三角连接

星三角电路是电工的必修课，在这里，分析几篇工作日志。

星三角接线分析

星三角启动的电机接线，在工程中主要用于主电路的接线，一般有两种情况，一是控制柜里有接线排，接线排上有标U1V1W1、U2V2W2并配有电路图，这种接线比较简单，只需要从电机的接线盒引出6条线，把电机里的U1V1W1、U2V2W2和接线排上的一一对应就好了。

另一种情况是控制柜没有标识，也没有电路图，如图5-8冷却塔控制柜所示。这个控制柜中，8个电机，有6台是星三角启动，控制柜主电路每台电机的接口分别用黄绿红、黄绿红分出相序。这种控制柜在一些工程中比较多见，给这种柜子做接线就要十分仔细。首先，从电机引出6条线，6条线都做好标识，通常分两组线，一组为首端，即U1V1W1，一组为尾端，即U2V2W2，接控制柜时，黄绿红接U1V1W1，另一组黄接W2、绿接U2、红接V2。这样接好后，就开始检查，可以看到U1W2接的电源黄色相，V1U2接绿相，W1V2红相，这样接线就正确了。接线时画的草图如图5-9所示。

图5-8 冷却塔控制柜

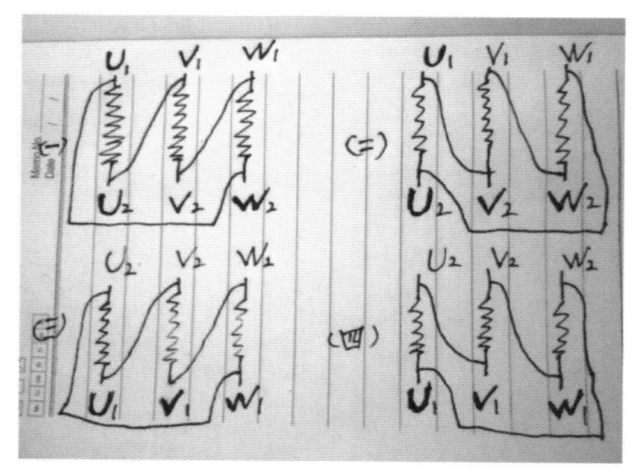

图5-9 接线时画的草图

图5-9（一）是这次的接法，这是和电机上接线一模一样的排列。但有的厂家的成品柜中会有图（二）的接法，运行也完全正常。

有一次我按图（一）排列接线，但接完后发现我把首端和尾端弄反了，我修过电机，明白电机原理，知道首端和尾端是对应关系，没有区别，但我还是不放心，就画原理图，就是图（三），结果图（三）对应成图（二），结构一模一样。

同样，如果图（二）接线时首端和尾端接反，如图（四），就变成和图（一）一模一样了。

所以说，知道怎么接线重要，知道为什么要这么接线更重要。

线电流与相电流（一）

今天中午，空调风柜机组试机，其中有一台是11kW风机，在测量电流时发现问题，电机是星三角启动，有6条线，我用钳表夹住一条线测量，11kW电机，电流12A。当时，我认为测量的电流一条线是12A，那么两条线就应该是24A，但电机额定电流应该是22A，所以电流有点超了，厂家技术人员也认为超了，就想办法关小风口，但当时电流也只是稍微下降一点，后来无奈说装上高效过滤器后可能会好点。

下午试冰水机机组，中央空调冰水机机组如图5-10所示，一台172kW压缩机，也是星三角启动，测6条线中一条线有190A电流，我对厂家技术人员说，一条是190A，那么两条线的电流就是380A，电流是不是超了？因为额定电流为340A。厂家技术人员说没有超，190乘以2还要乘以0.8，然后他直接测量电源线，果然只有330A左右电流，我问

图5-10　中央空调冰水机机组

他，为什么要乘以0.8？他说不知道，我说难道是功率因素，他说不清楚，只知道每次都这么算的。我突然想到，不对，我们测量的电流是负载的相电流，而我们需要的是负载的线电流，线电流是相电流的$\sqrt{3}$倍，即$190\times\sqrt{3}\approx 326$A就对了，而中午11kW电机测量为12A，乘以1.72也就20A左右，也在额定电流内。

> 一直以来，我们都把星三角启动的6条线按3条线的电流除以2来计算电流，今天才知道，我们错了很久了。虽然我们都知道有公式，三角接法线电流 = $\sqrt{3}$相电流，但实际工作中极少联系到。人啊，真的是活到老学到老，电工，一辈子都学不完的。

线电流与相电流（二）

有网友提了一个问题：厂里有条三相380V电炉，炉丝星形接法时电流是20A，想接成三角接法，它的电流有多大？怎么算的？

有各种答案，我是这么算的：

套用功率电流电压换算公式：

$P = IU = I^2R = U^2/R$

先算出功率：

$P = IU = 20\times 220 = 4400\text{W}$

再算出炉丝电阻：

$P = U^2/R$，换算出$R = U^2/P = 220\times 220\div 4400 = 11\,\Omega$

再算出三角接的功率：

$P = U^2/R = 380\times 380\div 11\approx 13\text{kW}$

再算出三角接的负载电流：

$I = P/U = 13\text{kW}\div 380 = 34\text{A}$

再算出三角接的线电流：34×1.72≈60A。

三角接法和星形接法如图5-11所示。计算与分析如下。

三角接法：

L1的电流＝（V2V1的电流34A＋U1U2的电流34A）÷2×1.73≈60A

L2的电流＝（V1V2的电流34A＋W2W1的电流34A）÷2×1.73≈60A

L3的电流＝（U2U1的电流34A＋W1W2的电流34A）÷2×1.73≈60A

结论：三角接法时线电流等于$\sqrt{3}$×相电流。

星形接法：L1就是U1U2的负载电流，L2就是V1V2的负载电流，L3就是W1W2的负载电流。

结论：星形接法时线电流等于相电流。

线电流是指三条电源线的电流，当负载为星形接法时，线电流等于相电流，当负载为三角接法时，相电流为单组负载电流，相电流乘以$\sqrt{3}$为线电流。我们平时用钳表测电流得出数据为每条电源线电流，即线电流，只有当负载为三角接法时，才会出现相电流概念，相电流是每组负载每相电流，乘以$\sqrt{3}$即为线电流。

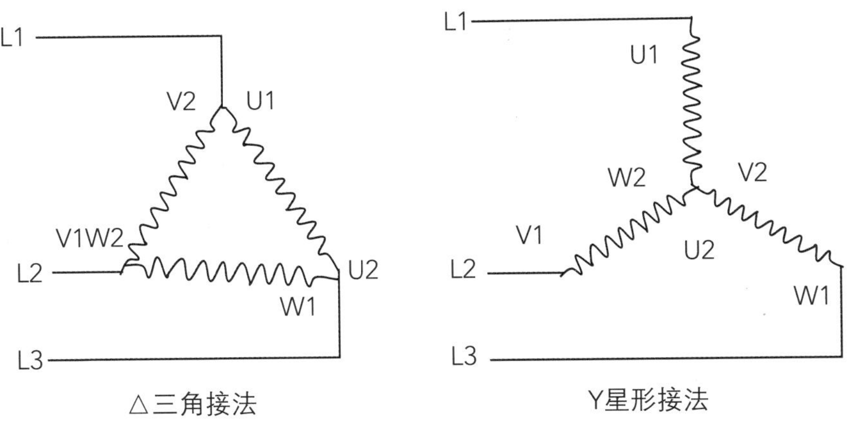

图5-11　三角接法和星形接法的计算与分析

发热管的星三角接法

前两天，一工友到一新工地去干活，因土建单位还未开始上班，他自己在土建单位的三级配电箱接了一台焊机，看到没电，也未和单位的留守人员打招呼，就自己跑到二级配电箱去看，又不知道该送哪一路电，就把所有的开关都合闸，结果，把人家一台蒸饭柜烧坏了。

这位工友后悔挨骂就不说了，在处理事故过程中，我又有了新的体会。

出了问题，自然是我去处理。我检查了一下，三条发热管已经烧坏，我知道，这种发热管通常有两种规格，一种是220V，一种是380V。我看了柜上的铭牌，功率是12kW，也就是每条发热管4kW，接线方式是按380V星形连接，说明发热管规格是220V的，我打电话让队长买发热管，队长说厂里有台坏的蒸饭柜，让我看看发热管能不能用。

我回去检查了一下，虽然柜子已烂得不成样子，但发热管是好的，外形规格和烧坏的发热管相同，发热管本身的电阻值和绝缘电阻值都正常，只是电压规格看不清了。我测量发热管的电阻值在30～40Ω之间，因为功率是4kW左右，那么这组发热管应该是380V规格的。因为用电压的平方除以电阻等于功率，如果发热管电压是220V的话，用220乘220然后除以30～40Ω的电阻，每条功率只有1kW，那么大的蒸锅，总功率3kW显然不够。而如果发热管电压是380V的，则可算出功率是每条4kW左右，刚好符合蒸饭柜的要求，所以用这三条发热管去换烧坏的发热管，就要把原先的380V星形接法改为380V三角接法，为什么呢?

电压规格380V的发热管，如果用380V星形接法接线，发热管两端承受的电压就只有220V，功率会下降到原来的1/3，同样，如误把电压规格为220V的发热管接成380V三角连接，功率会增大约3倍，会很快烧坏。蒸饭柜发热管接线如图5-12所示。如果按通常的维修方法，怎么拆下就怎么装上是肯定不行的。

很多朋友都对380V星形接法熟悉，平时未留意三角接法，我的一位朋友曾打电话问我为什么他维修一个烘烤设备后温度升不上去，他开始未留意原来的接线方法，当他估计到应该接成三角接法时去却又不会接线了。我告诉他，不管有多少条发热管，用笔把每条发热管的头和尾标出，按“A头B尾接L1相，B头C尾接L2相，C头A尾接L3相，最后L1、L2、L3分别并联接上”的办法就可以，半小时后，他说完全正常了。

还有一次，一位朋友烤漆房的热风柜有问题，一是三相用电严重不平衡，有一相电流接近200A，而另一相只有20～30A，还有一相70～80A；二是升温很慢，要3h才能升到180℃，让我看看是什么原因。我打开热风柜，里面有30条发热管，有25条是380V的，有5条是220V的。原先做设备没有把380V的按三角接法接线，而是把380V的每条都接在两相火线，最后怎么都分不平衡。我把所有接线拆了，把其中24条380V的分成三组，每组8条，8条并联为一组，按A组头B组尾接L1相，B组头C组尾接L2相，C组头A组尾接L3相。其余的5条220V的和一条380V的共6条按380V星形连接，接好线后条理清楚，一目了然，通电试验，升温很快，仅仅90min就能达到180℃，测电流，每相在130A左右。

所以，凡是电工，一定要记住发热管三角接法，这是经常用到的。

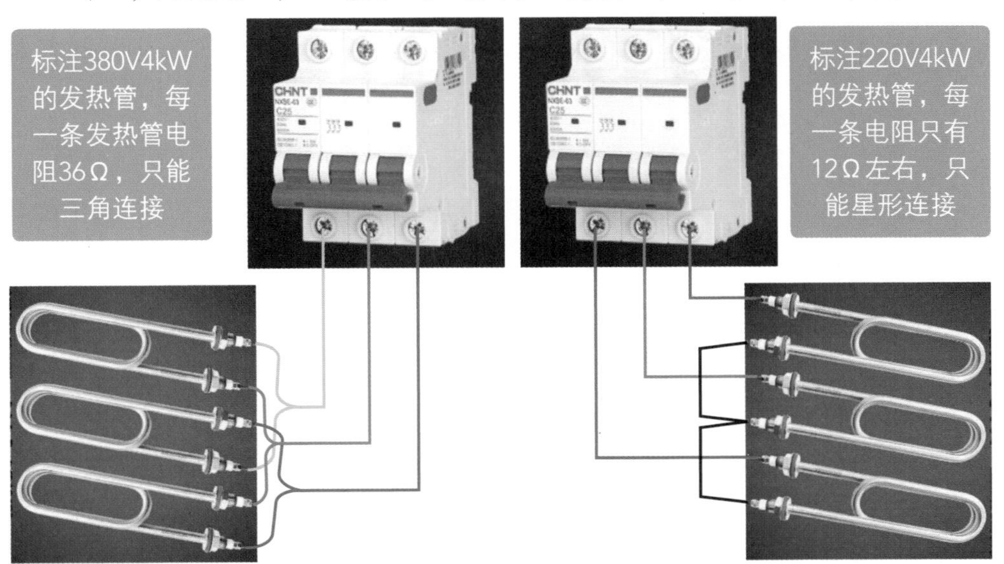

图5-12　蒸饭柜发热管接线

家庭电路配电与接线

6.1 水电工行业现状

从电路结构上来说，家庭电路相对比较简单，所以很多高水平电工都不愿意涉及家庭用电。也正因为看似简单，很多人在装修的时候，都让木工、瓦工兼职做了电工。即便就是专业做水电的，也有一些人是跟师傅做了一段时间，自己搞了几次家庭配电，没有出现问题，就认为自己是一个电工了，但真正出了问题，就解决不了了。

有很多水电工师傅的施工工艺非常高超，动手能力和解决问题的能力都很强，只是缺乏电工基础理论知识，就限制了自身的发展。有很多师傅由于文化水平的限制，对电工理论的理解有难度，但是有把事情做好的愿望，那么，他们能不能做好家庭电路呢？能，两点：一是规范，二是注重细节，这里就重点介绍规范和技术细节。

6.2 常见的几种配电箱的配电方式

如图6-1所示，这个配电箱使用2P空气开关作总开关，分出五路，4路插座用1P + N漏保，灯用1P的空气开关，好处是节省空间，缺点是遇到严重的零线接地故障，会引起单元楼的总漏保跳闸，因为1P + N的漏保不断零线。所以空间允许的话要尽量用2P漏保。

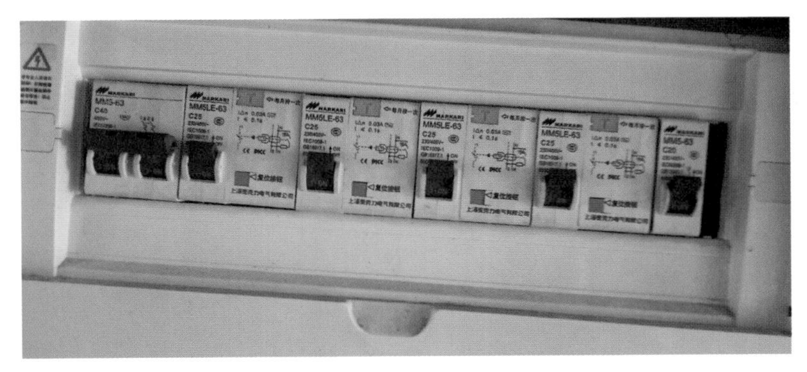

图6-1　配电箱（一）

如图6-2所示，这个配电箱用2P的漏保作总开关，加了过欠电压保护器，除灯这一路外，每一路插座都是2P的空气开关，比较节约空间，如果一路有漏电，可以关掉这一路，不影响其他线路的正常使用，缺点是有一处轻微漏电，在没有排除之前就影响整个家庭用电。

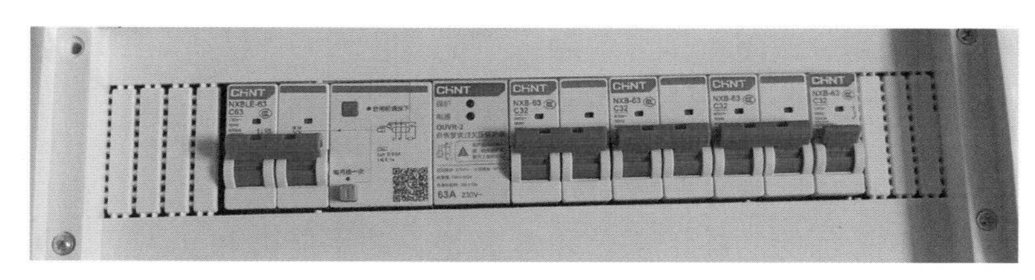

图6-2　配电箱（二）

如图6-3所示，这个配电箱使用2P空气开关作总开关，4路插座都使用2P的漏保，这种线路比较好，有漏电不影响其他线路，再加上过欠电压保护器就更好了。

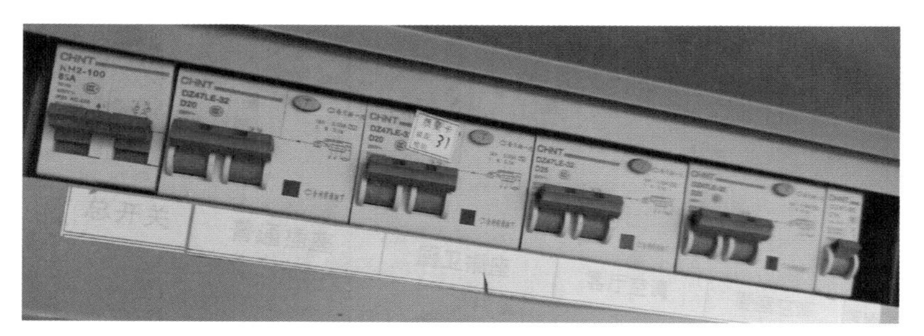

图6-3　配电箱（三）

重点提示

我做维修很多年了，发现绝大多数配电箱中，灯的线路都不经过漏保，但是我处理的因为灯的线路引起跳闸的故障有很多。事实上，卫生间和厨房都有吊顶，浴霸故障和老鼠咬断线路引起的跳闸都会搞得一个单元都不能正常用电。所以建议有条件还是把灯这一路都装上漏保。

6.3 家庭电路安装规范和技术细节

我做过工程，发现许多工程只要客户没有明确提出要安装漏保，一般人都是尽量不用漏保，主要是担心以后经常有轻微漏电引起跳闸，售后麻烦。其实根据我的经验，凡是线路都作规范了的，后面很少出问题。如果你是真正的电工师傅，你不是要怕出问题，而是要敢于拍着胸脯说，我做的绝对没有问题。

细节决定成败。我总结出下面几点，如果认真做了，基本上会比较放心。经常也有朋友问怎么验收家里的水电工程，下面这几点，也可以供参考。

① 所有线路必须套管，不管是明装还是暗装。线路穿管如图6-4所示。

我经常处理家庭电路故障，有很多就是因为采用直埋而留下的隐患，有很多连交工都交不了，直接将漏保换成空气开关敷衍客户。

图6-4 线路穿管

② 暗线一定要做成活线。活线就是指每一条线在没有接开关插座之前都可以抽出来更换的线，只要所有线路都能够保证是活线，这种线路就是比较放心的，即便出了问题，都有维修更换的可能。暗线是隐蔽工程，活线是唯一能够证明线路没有投机取巧的工程。暗线是不是一定要横平竖直，这个一直有争议，但活线是一个共识。

③ 改了位置的开关插座，原来的位置只能用盖板盖，不能完全废弃，不能用水泥封了，要不然，活线又变成死线了。

④ 暗线的所有的并线都是在底盒里并。所有插座的底盒除了最后一个，都至少有两组以上的线路。任何时候，都不能在插座孔里直接并线，要先并好线，并接的时候引一条线接插座。也就是说，任何时候，都只能单线进插孔。插座底盒并线如图6-5所示。

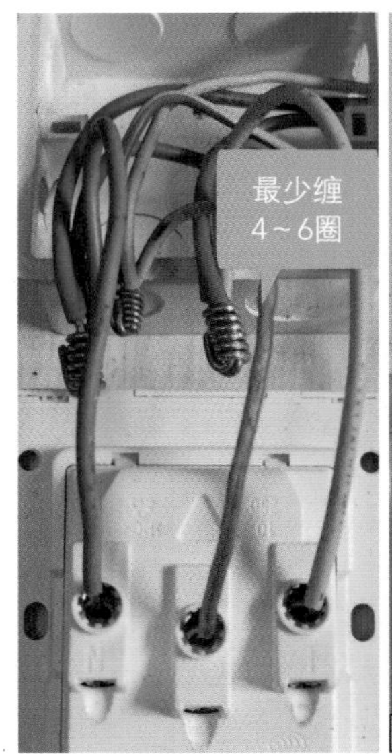

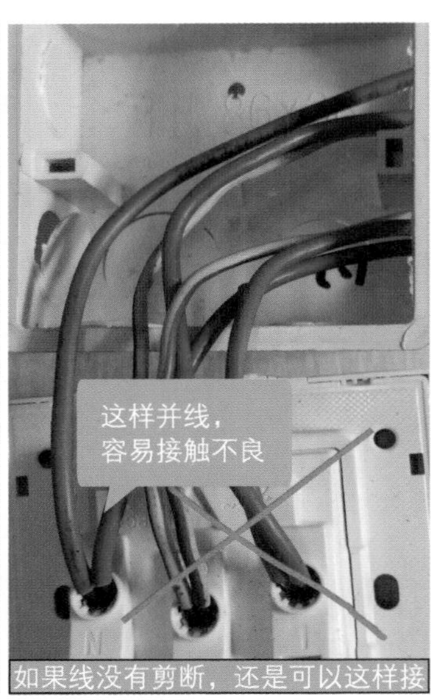

图6-5　插座底盒并线

⑤ 线路的分组。现在比较流行的分组是：厨房卫生间一组，普通插座一组，空调一组，灯一组。这个分组方法有缺点，如果空调就一组，显然不够用，普通插座一组范围又太宽，出一点问题影响太大。我个人建议最好按房间分组，厨房卫生间一组，每个卧室一组，客厅饭厅一组。每个房间的空调都和房间的普通插座共一组，这样做的好处是负荷比较平衡，出故障范围小，如果有一组出故障，从隔壁引线也方便，比较好检修。线路分组如图6-6所示。

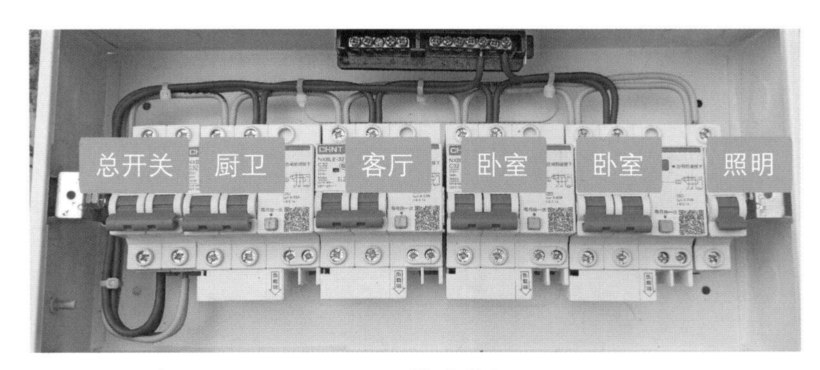

图6-6　线路分组

⑥ 所有的接头和并线、接线都必须规范。接线必须可靠并且兼顾工艺美观，在可靠性和美观起冲突的时候，可靠性优先。图6-7和图6-8为接头举例。

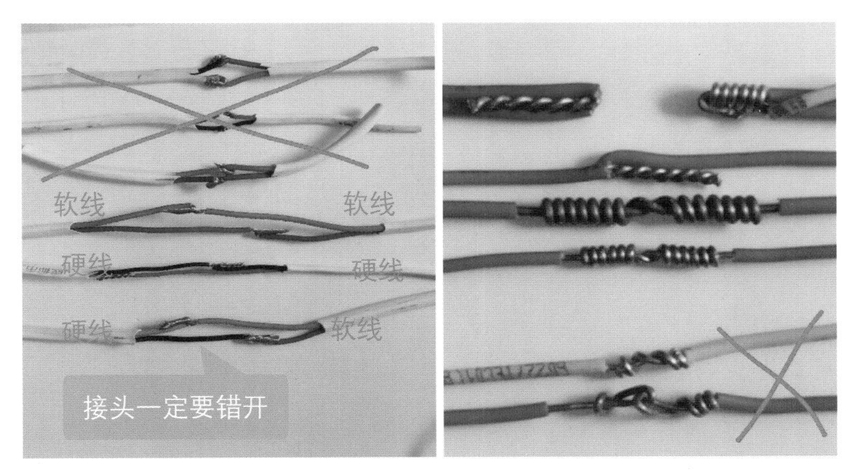

图6-7　接头举例（一）

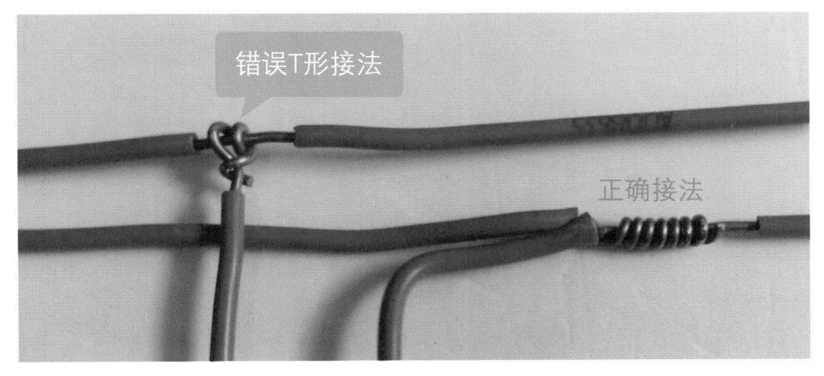

图6-8　接头举例（二）

⑦ 开关箱的配线，不建议用汇流排。因为处理过太多的汇流排短路的故障，建议做成如图6-9所示的样子。

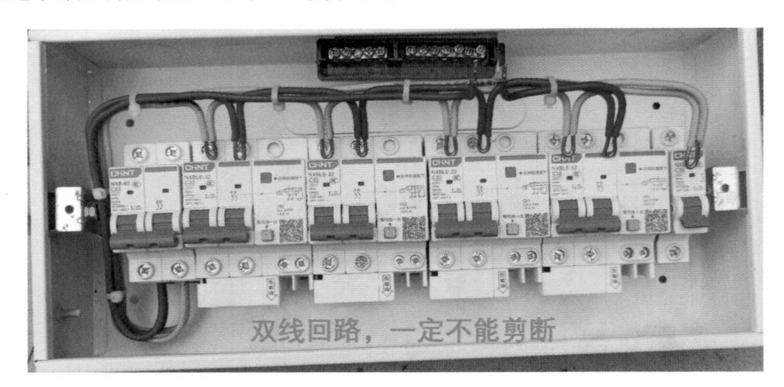

图6-9 配线

⑧ 开关插座的高度。开关的高度是1.1～1.4m，插座的高度一般规定是离地30cm。我认为在工厂和写字楼、办公室，30cm高度没有问题，但家庭插座30cm的话，80%的插座都被家具覆盖，根本用不了，更不用说使用这种插座的隐患。所以把家装插座30cm的这个规定改成和开关一样1.1～1.4m的高度是比较合理的。

⑨ 线径的选择。线径并不是越大越好，超过4平方的线特别是硬线不好并头，接头不好处理，反而容易出现接触不良的情况。一般空调4平方，普通插座2.5平方，灯线1.5平方就可以了。

⑩ 建议家庭不要安装即热式电热水器，这种热水器输出功率太大，冬季使用电流可以达到40A上下，对家庭电路损害很大。如果使用大规模的电加热设备，一定要安排专用线路。

在这里，给大家分享一个维修案例，看看不规范接线的后果。

不规范接线带来的故障

今天下午，去处理一个家庭电路故障。客户家里有好几个地方插座都不能用，从卫生间拉出一个插板，然后一个插板再串好几个插板使用。

据说以前没有问题，后来因为用了一个微波炉，“啪”的一声，好多插座就不能用了。也找电工看过，说可能线中间断了，出问题已经几年了。

在检查了配电箱确认没有虚接和开关坏的情况之后，我打开插座开始检查，用万用表测量插座电压为174V，好几个不能用的插座都是这样，能用的测量为220V正常，而且差不多的底盒里都有一条线没有接，直接测量没有接的那一条线，却可以测到220V电压，接上插板，用电吹风试，可以用，漏保没有跳。

我觉得就是接错线了，底盒里有三条线，颜色很乱，所有不能用的插座都是地线当成零线在用，把地线换成零线后，都能用了，那么，为什么以前又可以用？为什么漏保不跳闸？

在处理了最后一个插座后，我找到了答案，基本上确定地线肯定是假地线，并且地线和零线可能在有的地方并在了一起，如图6-10所示，这种接线可以用一段时间，但出问题是早晚的事了。

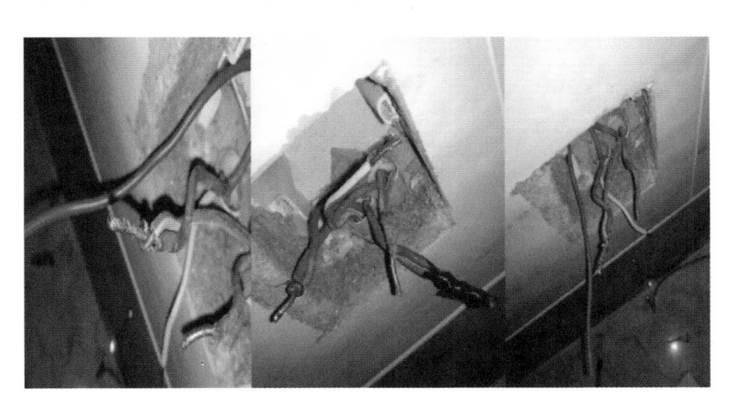

图6-10 不规范的接头

6.4 开关插座的安装

开关插座一般是86型和118型两种规格，86型面板尺寸是86mm × 86mm，安装孔距60mm，118型面板尺寸是118mm × 72mm，安装孔距是83 ~ 85mm。

如图6-11所示，86型开关插座一般分明装和暗装，基本上明装有的型号暗装都有。开关一般有一开、二开、三开、四开，分双控和单控，三控和多控中间的开关叫中途开关。插座用得最多的是五孔，还有七孔，三孔一般指16A的空调插座，还有网络插孔和电视插孔。

明装16A三孔

明装一开五孔

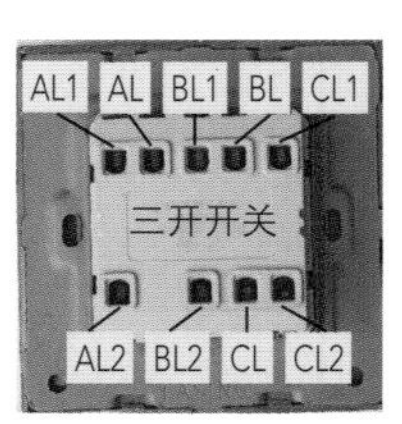

暗装三联双控开关

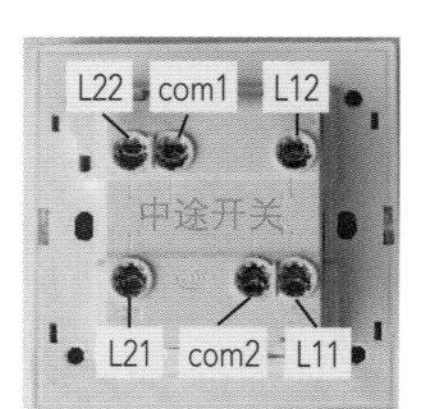

中途开关

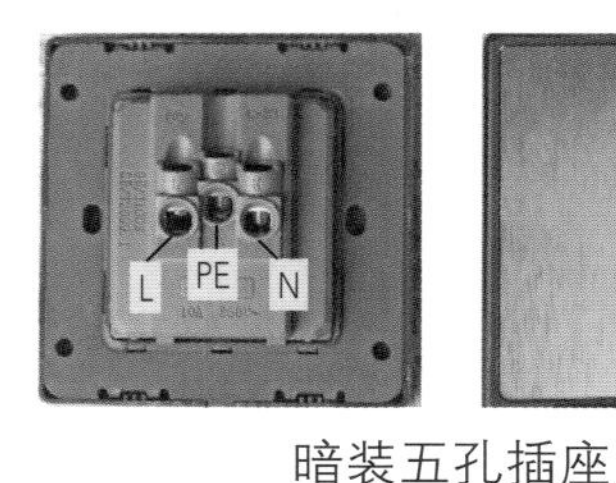

暗装五孔插座

暗装一开双控

暗装一开五孔

图6-11　86型开关插座系列

如图6-12所示，118型开关插座是可以根据需要任意拼装组合的单元结构，按底盒区分有一位、两位、三位、四位，一般多用四位。插座都是五孔，还有网络插孔和电视插孔，开关有一开和二开两种规格。

图6-12　118型开关插座系列

（1）五孔插座和一个开关控制一个灯的接法

如图6-13所示，插座上通常标注L、N和接地标识的符号，L就是接通常说的火线，N就是接通常说的零线，地线接有接地标识的位置，这样接就是通常说的左零右火。开关的型号如果是双控，会标识L、L1、L2，L是公共端，开关按上是L1接通，开关按下是L2接通，开关的两条线其中一条必定接L，另一条接L1或者L2都可以，开关型号如果是单控，两条线两个孔随便接都可以。

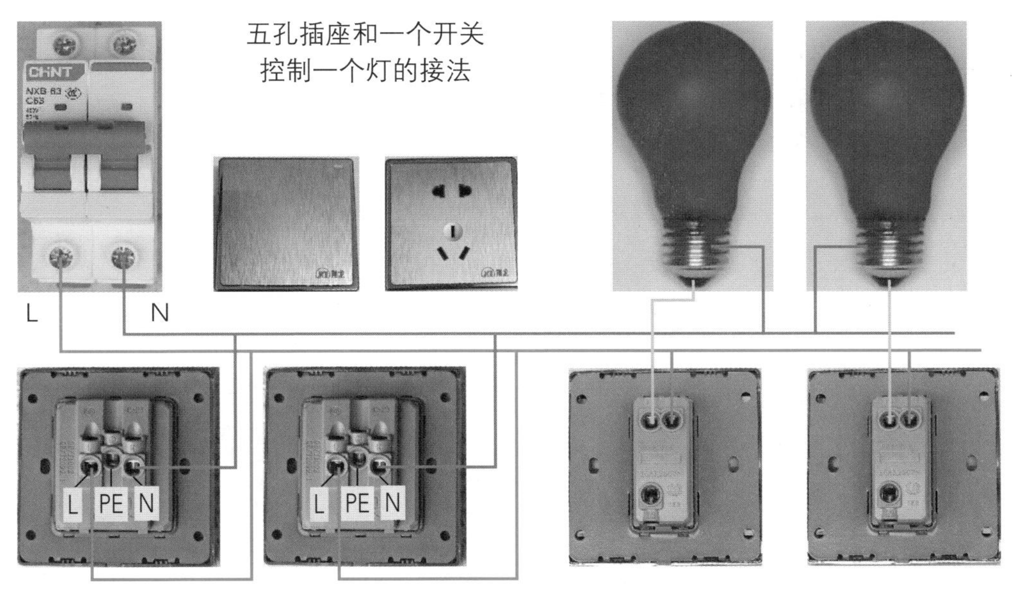

图6-13 五孔插座和一个开关控制一个灯的接法

（2）一开五孔的两种接法

如图6-14所示，一开五孔的插座有两种接法，如果开关控制插座，火线接在开关上，从开关上引线到插座；如果开关是用来控制灯的，并且灯的电源是从插座上取，则火线接插座孔上，从插座孔引线到开关。

（3）三联开关控制三个灯的接法

如图6-15所示，这种开关是三联双控开关，AL、BL、CL是三个公共

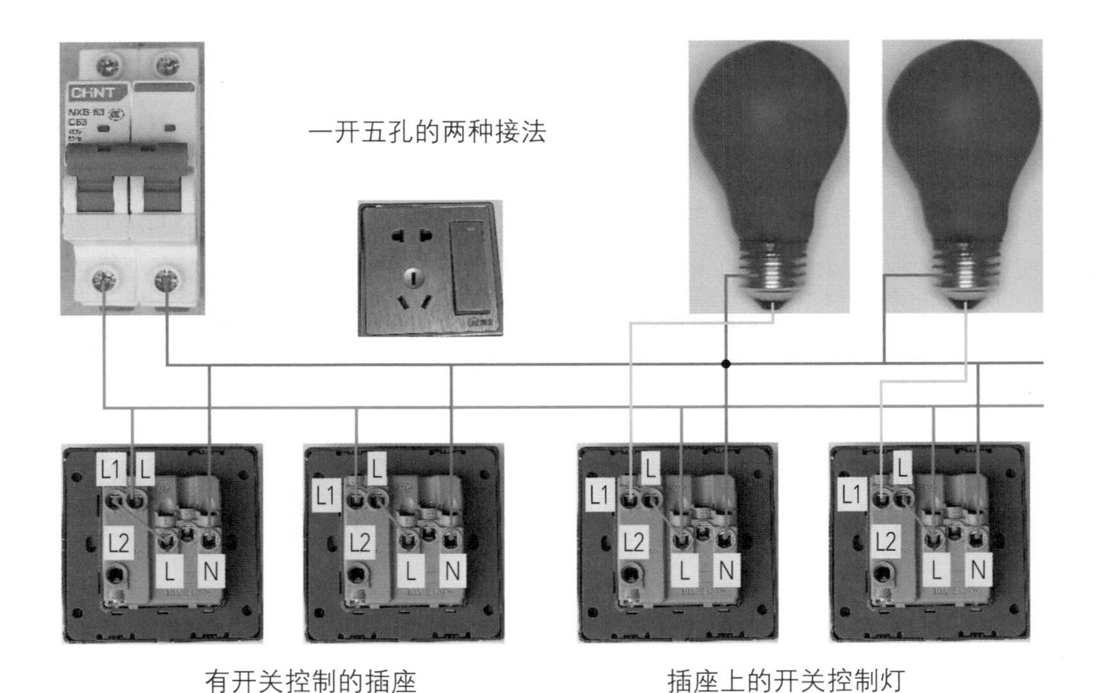

图6-14　一开五孔的两种接法

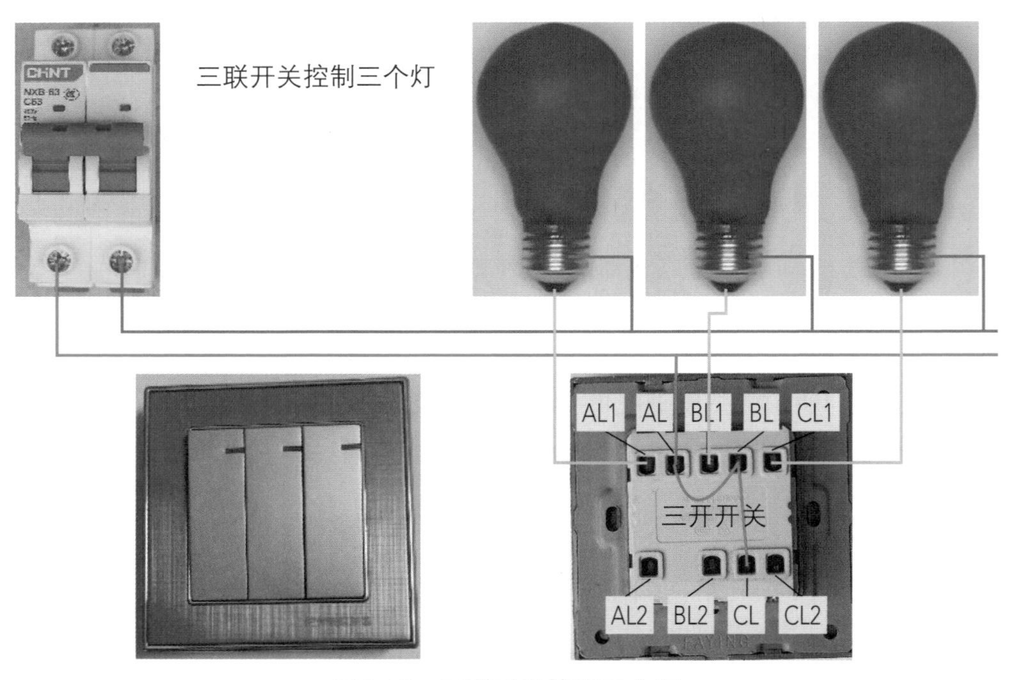

图6-15　三联开关控制三个灯

端，首先把三个公共端并一起接电源，三个灯的控制线接AL1、BL1、CL1，或者AL2、BL2、CL2都可以。二联双控和四联双控都是一样的接法。

（4）118型插座开关的接法

如图6-16所示，118型开关插座是一个个单元开关插座拼装组合来的，这里需要特别注意的是，插座和开关不是共用一个开关回路，插座经过了2P漏保，就一定不能和灯的回路共用，插座和灯开关各自形成回路，如果灯在插座这里引用了火线或者零线，会导致插座漏保跳闸。图中虚线部分是表示线路被穿管的情形。

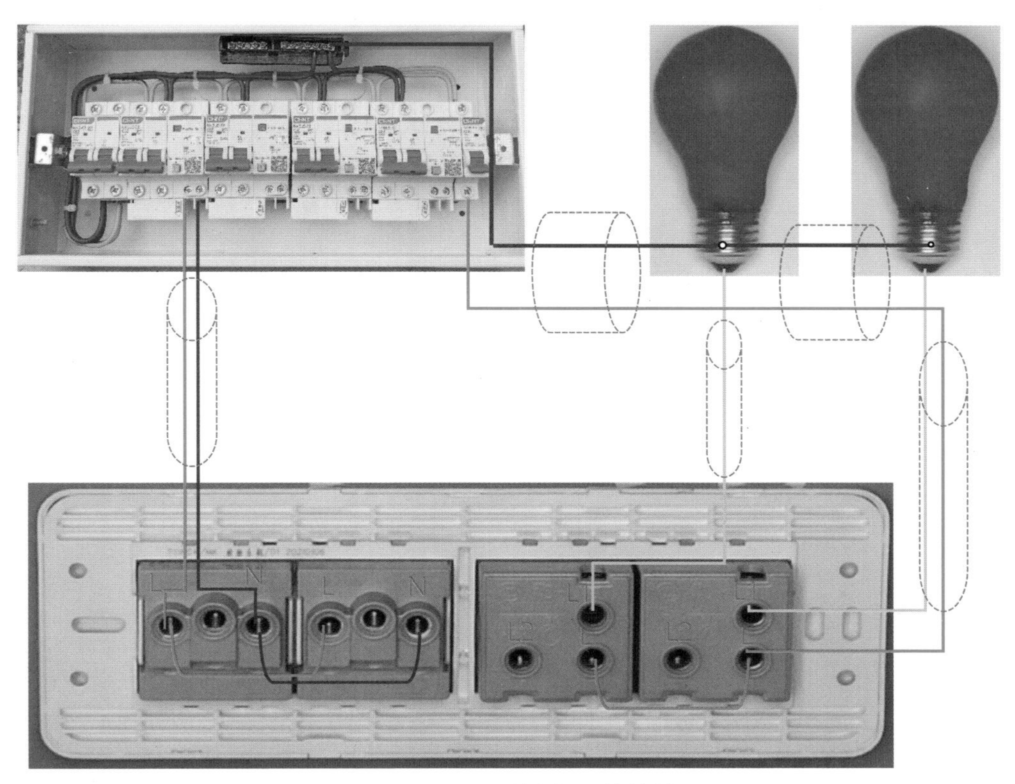

图6-16 118型插座开关接线

（5）双控的接法

双控的接法如图6-17所示，两个开关的公共端，一个接电源线，一个接灯控制线，再把两个开关的L1和L1连起来、L2和L2连起来。图中虚线部分表示线路被穿管的情景。

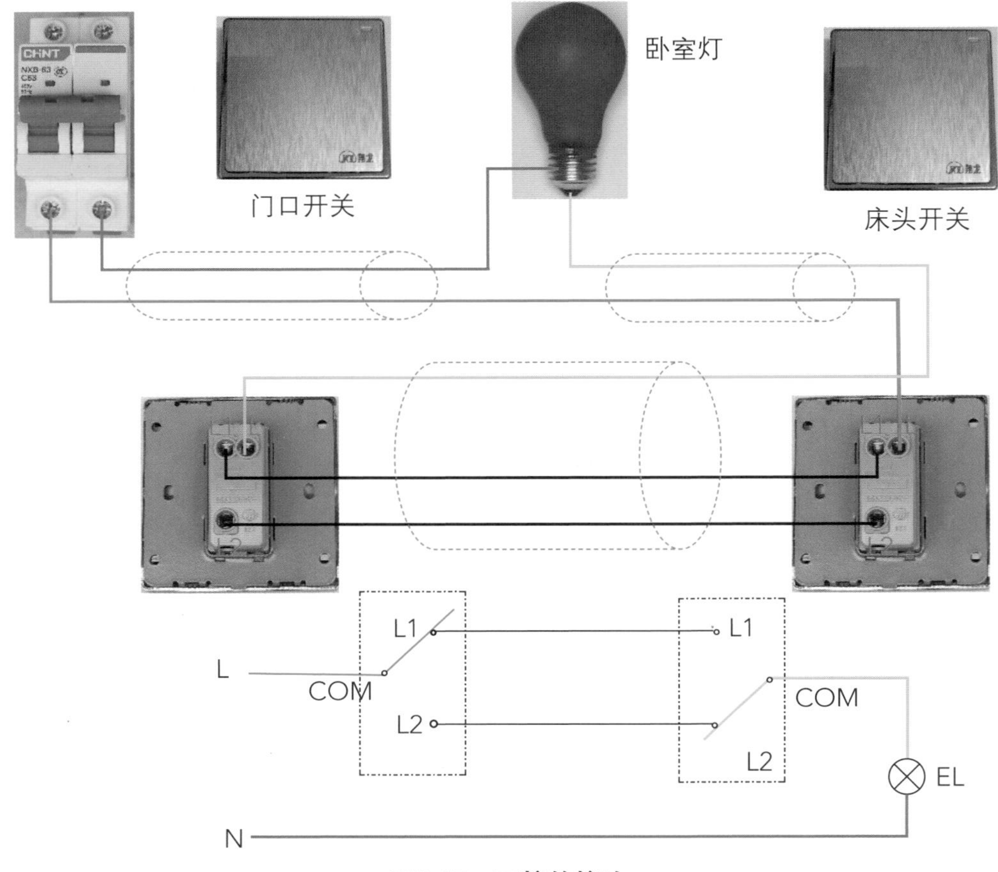

图6-17　双控的接法

(6) 三控的接法

三控的接法如图6-18所示，三控和多控接法一样：其一头一尾的开关和双控一样，都是一个公共端接电源线，一个公共端接控制线，把两个L1和两个L2连起来的线叫倒簧线。把倒簧线从中间剪断，就可以加中途开关，一头的倒簧线接两个公共端，另一头的倒簧线接L1和L2，并把两个L1和L2交叉相连，可以加无数个中途开关，加再多的中途开关接法都一样。图中虚线部分是线路被穿管的情形。

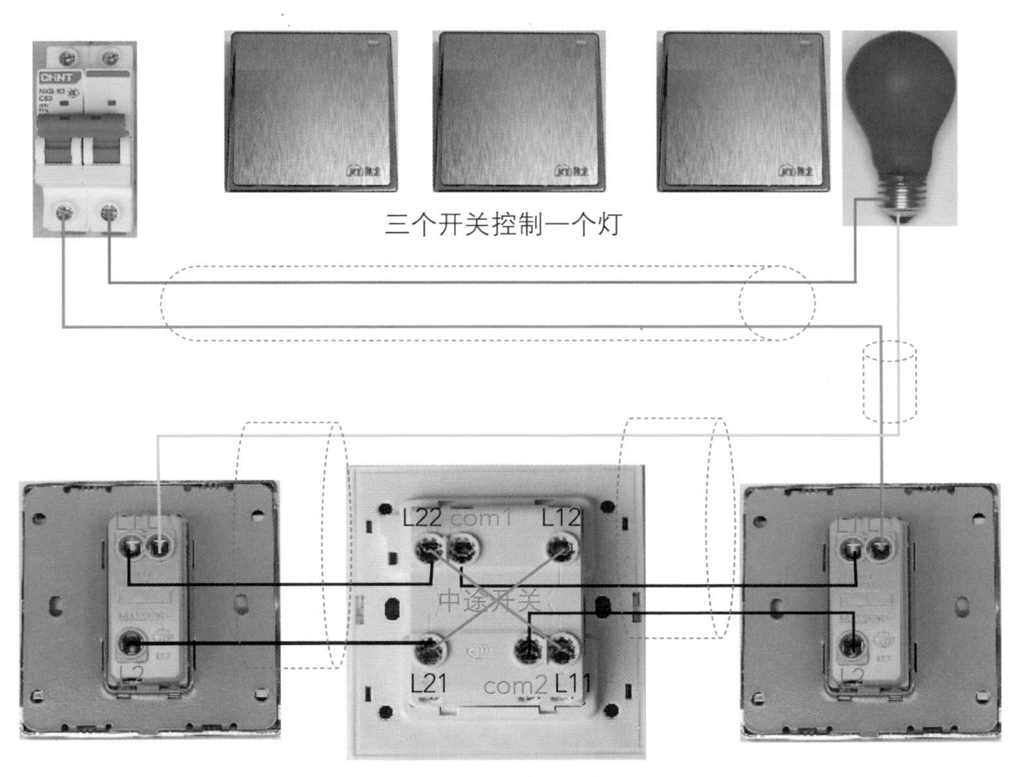

图6-18　三控的接法

家庭改造电路一例

接到一个电话，说是家里的电有问题，经常跳闸，让我们去看看。

到了现场，发现家里没有电，检查发现是单元总配电箱的线没有压到分户开关上。我们压上后正常送电，发现没有问题，就回来了。当时在想，为什么别人会把他家的线拆了呢，后来才了解到，是因为他们家经常跳闸，搞的一个单元都断电。

过了一星期又接到电话，说还是没有电，让我们过去再看一下。

到现场，发现家里的总开关跳了，楼下单元的分户开关也跳了，我们推上两个空气开关，家里就有电了，但仅仅几分钟就又跳了。我们再推上，还是几分钟两个空气开关就同时跳了。

客户家住六楼，单元楼一楼有一个总配电箱，每户63A的空气开关连接到每户家门口，他家门口有一个40A的空气开关，有两组线进户，一组2.5平方的线管家里的所有灯和普通插座，一组6平方的线管空调。客户介绍，我们已经是第四批人来处理这个问题了，都是用不了几天就跳闸，有时跳的整栋楼都没有电。

我分析了一下，都是空气开关跳，又是同时跳，可以肯定线路存在短路。首先将客户家里所有能断开的负载都断开了，推上还是几分钟就跳了。两组进户线，我把细的那组拆了，推上去不跳了，但家里所有灯和插座都没有电。拆了部分插座检查，插座都是只有两条线，没有看到在插座里面并线。还有所有接头都在墙里面，有些增加的插座都没有布管，只是把线直接埋墙里面。加上以前已经有多人检查了，因此基本确定故障就是线路在墙里面出现短路。客户家里装修较好，所以开墙检查破坏太大，即使有幸发现故障点，也难免今后不出故障。

我把情况给客户分析了，认为只有重新改造线路，才是彻底解决问题的办法，如果不重新装修，就只有走明线。

对于装修好的房子，谁也不愿意走明线，但又没有办法，客户家里决定开个会，商量到底怎么解决这个问题，让我把以前拉的临时应急插座线接上，先解决冰箱和手机充电问题。

当天晚上，客户打来电话，说决定完全彻底解决，就走明线，希望用线槽做，所有以前的开关插座都在原来的位置不变，尽量做美观一点，希望我们尽快做好。

决定完全改造之后，我想，插座走线槽只要工艺做好还是不难看的，但所有灯都走线槽，就不那么好看了。而且客厅卧室的灯都是大型装饰灯，拆装非常麻烦，要是灯没有问题就好了。灯的线路是开发商做的，一般是零线直接进灯，控制火线，如果是这样，就可以把原来的零线保留，把火线从开关接进去。这样就最大程度不影响美观，这就要首先确定是不是所有灯都是控制火线了。

第二天，我从配电箱拉了一条线，拉到每一个开关，通过测量，所有灯都是零线直接进灯，控制火线。确定火线和零线后，把零线接上，火线单独从外面拉一条进去，接到开关上，把原来的火线废了，这样就把所有的灯都点亮了。

我们对客户说，整个线路现在分成了插座和灯两部分，现在灯亮了，我们先观察几天，如果灯过几天有问题，我们可以分几部分找出问题，那么插座就不用改了；如果灯没有问题，我们就给灯拉一条专线，和插座一起改。为了判断是灯的问题还是插座的问题，我们又等了一个星期才去改插座。最后，客户家的线路，空调线路被保留，灯走一条专线，一条火线直接进开关，插座分两组，分别用两个漏保控制，如图6-19所示。基本做到美观，可靠。

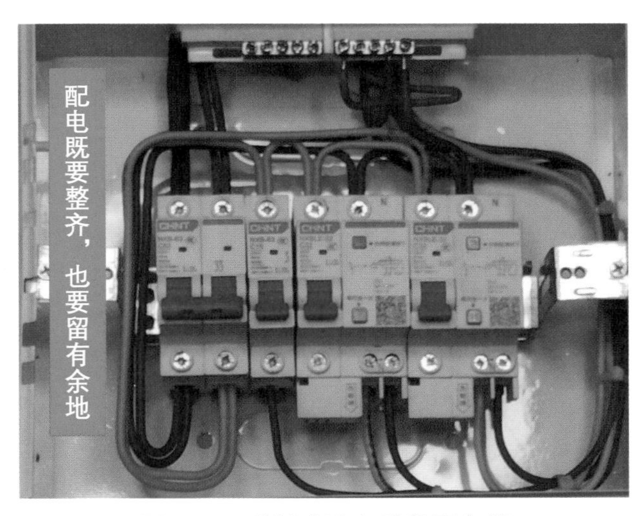

图6-19　重新改造之后的配电箱

日志 家庭电路故障检测方法

一般接到用户报故障的电话，大多数说的都是家里跳闸了，或者是家里可能有短路，没有电。由于大多数客户并不能分清楚是漏电开关跳闸，还是普通空气开关跳闸，所以客户提供的信息只能作为参考。

到客户家里，首先分清楚到底是漏电开关跳闸还是空气开关跳闸。漏电开关有漏电保护、短路保护和过载保护，空气开关只有短路保护和过载保护。如果是空气开关，就首先不用考虑是因为漏电引起跳闸了。

跳闸也可能就是因为开关坏了，这个首先要排除。不管是空气开关还是漏电开关，如果跳下来根本推不上去，需要先把负载端线拆下来再推，如果拆了线还是推不上去，就可以肯定是开关坏了。

如果打开配电箱就可以明显看到接线端有烧灼的痕迹，不管开关有没有坏，都要先换开关，这种烧了线头的电线，一定要把线头剪去一段再压线。任何时候，配电箱不能有接触不良的隐患存在。

有时候，在没有拆线的情况下，能推上去，过不了多久就会跳，或者经常用很少负载也跳闸，这种情况可能还是开关坏了，怎么判断呢？一般根据实际使用电流的大小，如果线路并没有500W以上的大负载，又确定没有地方短路，反复出现跳闸基本判定就是开关坏了。

排除开关坏了的故障，剩下就是线路短路、过载或者漏电故障。

现在假设开关没有坏，考虑一下是不是过载了，如果线路很热，开关很热，计算线路电流已经到额定电流的一半以上了，就可能是过载。为什么是一半以上，而不是超过额定电流呢？因为线路发热会叠加到开关上，环境温度也会叠加到开关上，线头接触不良引起发热也会叠加到开关上，这个要根据实际问题作出相应处理，不能简单地更换开关了事。

如果是空气开关，拆了线能推上去，装上还是推不上去，就已经排除开关坏的可能，那么线路肯定有短路，这个时候需要排查线路。

排查这个故障最好两个人配合，一个人用万用表测电源端，一个人执行操作。首先把所有的开关都操作一遍，看看万用表有没有变化，把所有插座都拔掉插头，如果还是没有找到问题，就需要把线路分段拆开检查，逐渐缩小故障范围，最终排除故障。由于短路故障是非常严重的电路故障，有时候故障点并没有可靠地连在一起，就可能用万用表测不到，因为万用表内部电池只有几伏，几伏电压不会使故障点发生短路，电压一高就出现短路，这时候就需要用摇表检测了。万用表和摇表检测短路如图6-20所示。用摇表检测短路要注意，一是只有用万用表检测不了才用摇表，二是如果电路上有电子元件的电器，就只能轻轻摇避免烧坏电器元件。这里需要注意的是，如果线路没有拆下来，是悬空的，检测到电阻只有几欧到几十欧，都说明不了什么，因为线路可能有负载，一些插座有指示灯，都会显示有很小的电阻值，没有拆下来的线路的电阻值只能做故障判断的参考。

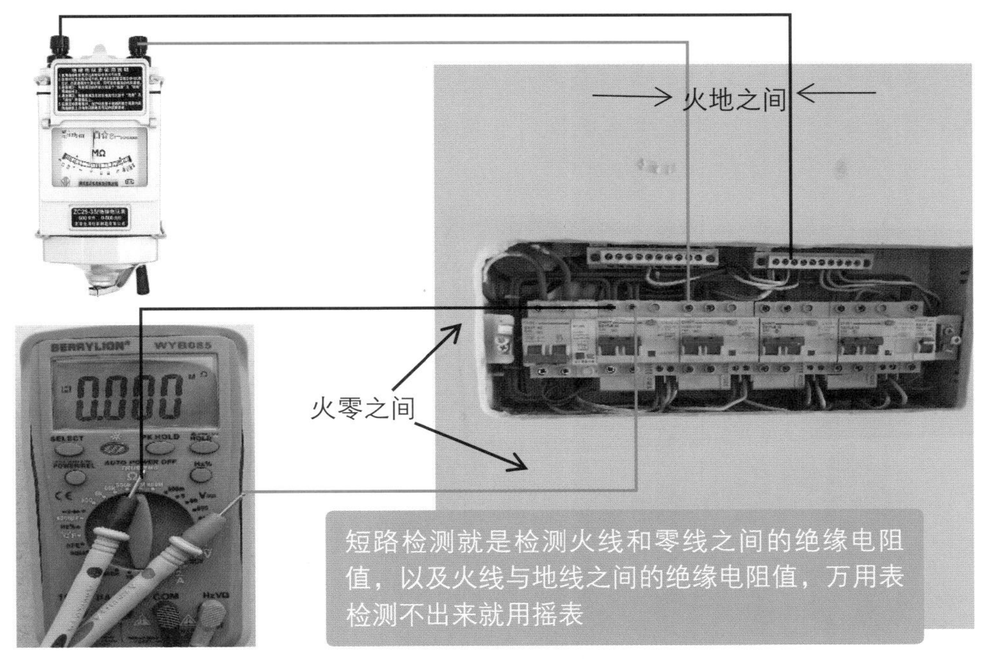

图6-20　万用表和摇表检测短路

如果是漏电开关，拆了线能推上去，装上线推不上去，这个时候就要判断是漏电还是短路造成的了。可以只分别拆一条线，如果能推上去，那就是短路，如果有一条没有拆就推不上去，都拆了就可以推上去，这个时候就可以肯定是线路有漏电了。

漏电开关的短路检测和空气开关一样，漏电检测和短路检测方法就稍稍不相同，短路检测是火线与零线之间以及火线与地线之间的绝缘状况，漏电检测是火线或者零线跟地线的检测。万用表检测漏电如图6-21所示。

如果客户家里有地线，就用万用表或者摇表测火线或者零线的对地绝缘电阻，这个电阻值有大有小，有的用万用表可以测出来，如果用万用表测不出来，就只有用摇表检测了。正常的对地绝缘值只要低于500kΩ都肯定视为漏电，高于500kΩ可以认为正常，当然越大越好。

如果客户家里没有地线，或者地线是假的，就需要人为制作一条地线用作检测地线，可以从金属楼梯上、建筑物的防护栏上、楼房主体钢筋上等引出一条线作参考地线，效果和正规地线差不多。

家庭电路检测看似复杂，只要理清思路，向客户仔细了解情况，不要被客户误导，一般大多数故障基本不用查就知道哪里出问题了。

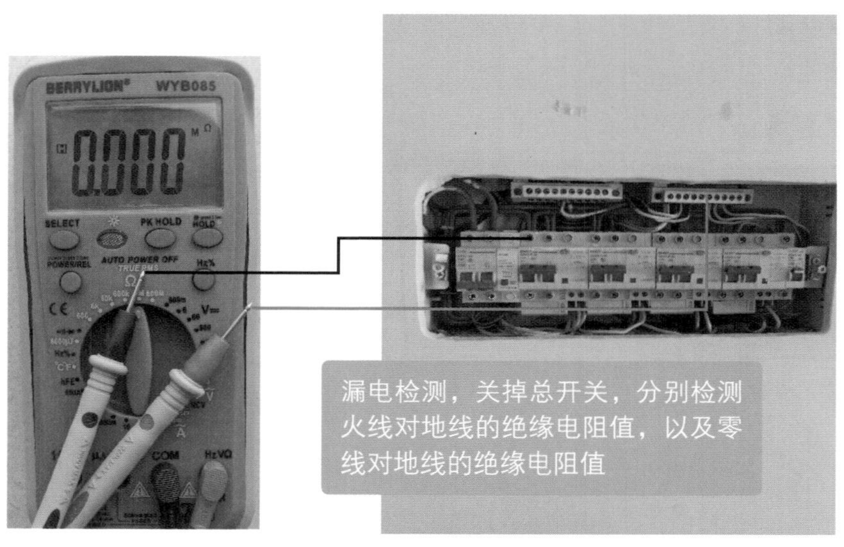

图6-21　万用表检测漏电

日志　一次奇怪的漏电跳闸

接到一个电话，说是厨房电路有问题，要我帮忙看看。

到了才知道，找我的师傅本身就是水电工，线路是他自己做的，简单的问题自己都能解决，今天这个确实解决不了。

装修有一年多了，一个月前客户入住，没有发现任何问题，今天突然开始跳单元楼的总漏电开关。客户说，单独开油烟机不跳，单独开热水器不跳，一起开就要跳，如图6-22所示是现场的配电箱。

要说明的是，管厨房的漏保没有跳闸，水电师傅觉得是不是厨房漏保坏了，又换了一个漏保，开油烟机或者热水器，仍然跳单元楼总漏保，厨房漏保没有跳。

图6-22 现场的配电箱

师傅说做了这么多年水电，第一回遇到这样的故障。

我首先把厨房的两条线从厨房漏保那里拆下来，问师傅，所有插座都有地线吧，师傅说都有，于是我就用摇表分别摇火线和零线对地的绝缘值，结果绝缘值基本上都在20MΩ以上，非常好，而且测了之后我才发现，油烟机和热水器插头都没有拔下来，也就是说，等于检测了这两个电器都没有问题。

我仔细检查了厨房插座的接线，没有发现有接错的地方，师傅自己也检查了，肯定没有接错，我又把线接到漏保上，开油烟机和热水器，并没有跳闸。

我又跑到单元楼的配电箱看了，确定单元楼的总开关是3＋N的漏电开关，师傅也说了，是漏电跳闸的现象。

我又问师傅，也许不是厨房油烟机或者热水器的问题，只不过是赶巧了，刚好用热水器就跳闸。师傅说，上午他们试了很久，有时候就只是把热水器的按键按了开关，热水器并没有启动，也跳闸，油烟机有时候也只是按了开关，风机还没有启动，就跳闸了。

有点颠覆我对于漏电跳闸的认知，明明线路（包括电器）绝缘值都非常好，却能够不断引起漏保跳闸，先是用户自己使用跳闸，然后是师傅检查后反复实验都会跳闸，师傅还特地从厕所拉了一个插板，接油烟机和热水器，没有跳闸。

经验告诉我，绝缘值良好的线路绝对不可能引起跳闸，一定是零线或者地线接错或者火零线接地了，虽然师傅反复检查了厨房线路没有问题，我还是决定再试试。

我让客户找来一条线，从配电箱那里的地线排直接拉到厨房，用万用表测量这条地线和插座的三条线有没有相通，结果发现，这条地线和厨房地线之间的电阻值为0，和厨房零线之间的电阻也为零。

因为这是师傅自己做的线路，所以我负责检查和分析，完全由师傅自己动手拆插座，我觉得不对，刚才明明拆下来检查，火零线对地线绝缘值都非常好，现在却零线和地线是通的，于是让他又把厨房线拆下来检查，发现线路绝缘值还是非常好。

我明白了，为什么会跳总漏保，厨房漏保不跳，因为厨房根本没有问题，厨房使用的是1P＋N的漏保，1P＋N的漏保不断零，所以我检查到零线和地线通，一定是其他地方零线接地了。

因为师傅和客户一直在厨房检查线路，也因为房子其他地方没有使用电器，所以线路有零线接地，只是厨房在使用电器，就反映出来了。

马上回到配电箱，关掉进户的2P空气开关，测量零线和地线，最后发现，所有插座线路都没有问题，是灯的零线接地了。

师傅觉得不可思议，并没有在使用灯的时候发生跳闸，我告诉他，维修不能凭主观想象，要敢于排除绝对没有问题的范围，现在的灯线中零线和地线电阻为0，基本符合总漏保跳闸的现象，因为灯不过家里的漏保。

师傅认可了我的分析，我告诉他，一般零线即使出现破皮，和墙接触，也不会出现和地线电阻为零，只有线破皮，又正好搭在金属上，才有可能和地线电阻为零。我让师傅重点检查厨房和卫生间这两个有金属龙骨吊顶的地方，因为之前我遇到过老鼠咬破皮搭铁的，还有就是LED电源驱动坏了也有在龙骨上短路的。

师傅直接把厨房和卫生间两个LED平板灯线剪了，我测量，还是零线接地。

现在的问题是，要把所有的灯都拆了检查，工程量有点大，我建议分段检查，但最需要拆的饭厅因为装修时移动了位置，如果要拆就必须打楼板补涂料，只有万不得已才最后拆，师傅也努力在想哪里最可能出问题。

我建议先把线路完全恢复，把灯全部开起来，看看有没有异常。师傅也觉得应该试试，于是把线路全部恢复，把整个房子的灯逐步打开，结果开到只剩两个灯的时候，跳闸了。就两个卧室灯的一个出现跳闸，师傅想了觉得可能，因为该线路离配电箱比较远，这个房间的插座也是灯上引下来的，因为插座还是接了地线，有可能接混。

结果师傅把零线直接剪断，我测量，还是不行。

没有办法，除了饭厅，就只有客厅的零线并头最多，只好又把客厅大水晶灯拆下来剪断零线检查，还是不行。

不管师傅有多么不愿意，还是必须把饭厅的楼板打开，打开就看到，总零线通到这里，并出去4路，我让师傅一条一条地剪，我在配电箱测量，结果把厨房那一路剪了，线路马上正常了。

到这里，师傅一拍脑袋想起来了，厨房往窗户边预留了一组灯线，后来这组线没有用到，时间久了就忘记了，最先他把厨房的平板灯线剪了，都没有想到这组线，应该就是这组线头碰到金属龙骨了。

问题找到了，把所有线路恢复，用摇表测量，所有线路全部合格，终于彻底排除故障。

热水器电路故障

朋友家电热水器不能用了，让我帮忙看一下，他说用电笔量了，插座火线有电，估计零线断了。故障现场电器布置图如图6-23所示。

我先用万用表测插座，有220V电压，插上热水器，热水器指示灯不亮，我对朋友说，是不是热水器坏了，朋友说没坏，拿拖线插座试过，热水器是好的。我用万用表测，热水器也是好的，怀疑是插座里面铜片接触不良。拆开插座盖（图6-23），检查露出铜片座，测电压220V，插上插头，量铜片间无电压了，看来他说零线断了可能有理。查电源处，这是老楼房，电表安装木板上，房子是暗线，只有热水器的线是由1P空气开关接的明线，火线过空气开关，零线在电表木板后直接通的插座。

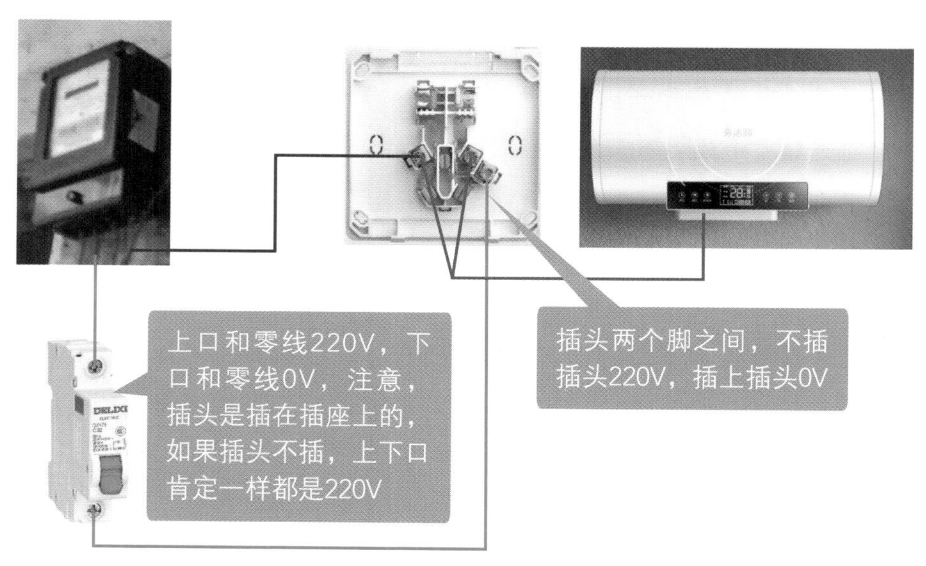

图6-23　故障现场电器布置图

拆开木板后面查，零线从电表上直接引出，应该没坏，拆开电表盖，用表测空气开关和零线电压，空气开关上口电压220V，下口电压0V，幸亏那头热水器插在插座上，不然这么简单的问题可能查半天呢，因为要是不插热水器，肯定上口下口电压都是220V。

这是空气开关坏了，触点虚接的典型故障，测插座有220V，带负载就变成了0V。有时线路接头氧化虚接也会出这种故障。

更换空气开关，好了，热水器正常使用。

浴霸电路分析

今天早上，我去安装一个浴霸，接好后试机，开灯、换气、吹风都正常，一开热风，灯、风机全部停了，关热风就一切正常，后来仔细研究线路，发现是零线接错了。拆原来的旧浴霸的时候，我特别注意了哪一条是零线，发现有一条线并了三条线，我认为这条肯定是零线，就把这一条接到新的浴霸零线位置，安装好开浴霸实验，发现错了。在安装新浴霸之前，我特别在插座上试了，浴霸是正常的，所以后来接好以后不正常，我能肯定是接线错误。重新改正以后，浴霸正常了。

为了分析接错线路后会出现哪些现象，我特地画了图6-24。

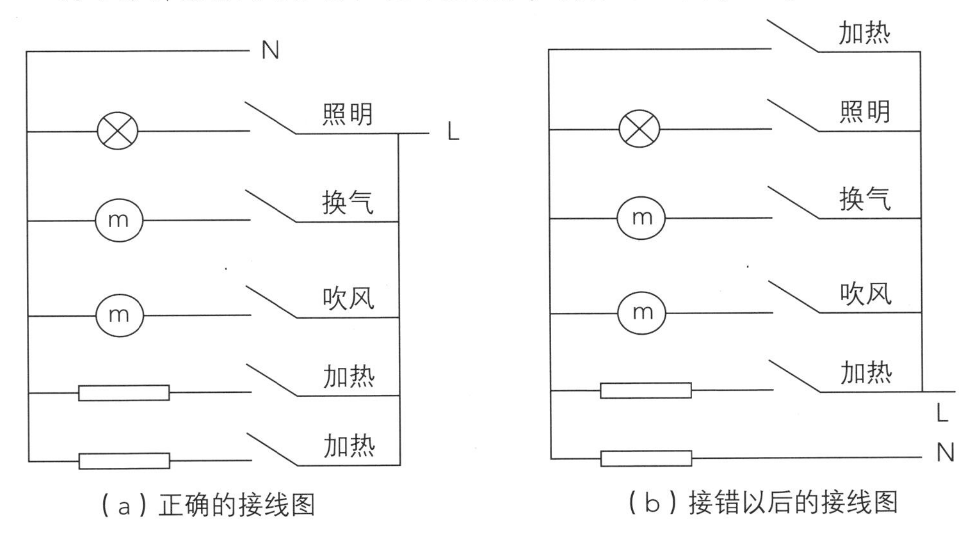

图6-24　浴霸接线图分析

图6-24（a）是正确的浴霸电路图，浴霸实物接线图如图6-25所示，图6-24（b）是我这次接错的电路图，我正好把零线接在发热管的控制线上了，把该接零线的公共端接在开关的热风端，当热风开关断开时，闭合其余三个开关，这三个开关的电器都和发热管形成串联关系，因为发热管功率大，电阻小，所以发热管分压不多，三个电器都正常使用，把所有开关全部打开，就只有发热管两端有220V电压，风机和灯的两端为0V，所以看上去是一开热

风，完全断电，其实是发热管正常工作，风机和灯停止运行。这种情况如果持续时间长，就会烧坏整个浴霸，所以在试机的时候一定不能长时间试，发现有问题立即断电。只要试机时间短，对浴霸没有影响。

再来分析如果把零线接在照明灯或者风机上，同样是把公共端接在对应的开关位置上，会出现什么情况。因为照明的电阻很大，串联分配的电压就高，不开照明，其他电器也不能正常工作，但照明都会亮，所有开关都打开，就只有照明能正常工作，其他都停止工作。同样，如果把风机的开关线接成零线，因为风机阻抗大，串联分配的电压高，则同样不开风机，所有电器不能正常工作，但风机都会工作，只是功率小，所有开关都打开，则只有风机正常运行，其他停止运行。但试机一般不会烧坏浴霸。

还有一种情况是一个换气和一个吹风的线，一定不能接反，换气是往上抽风，吹风是往下吹风，这个要单独一个个试，热风要靠吹风散热，不然浴霸容易坏，也没有效果。

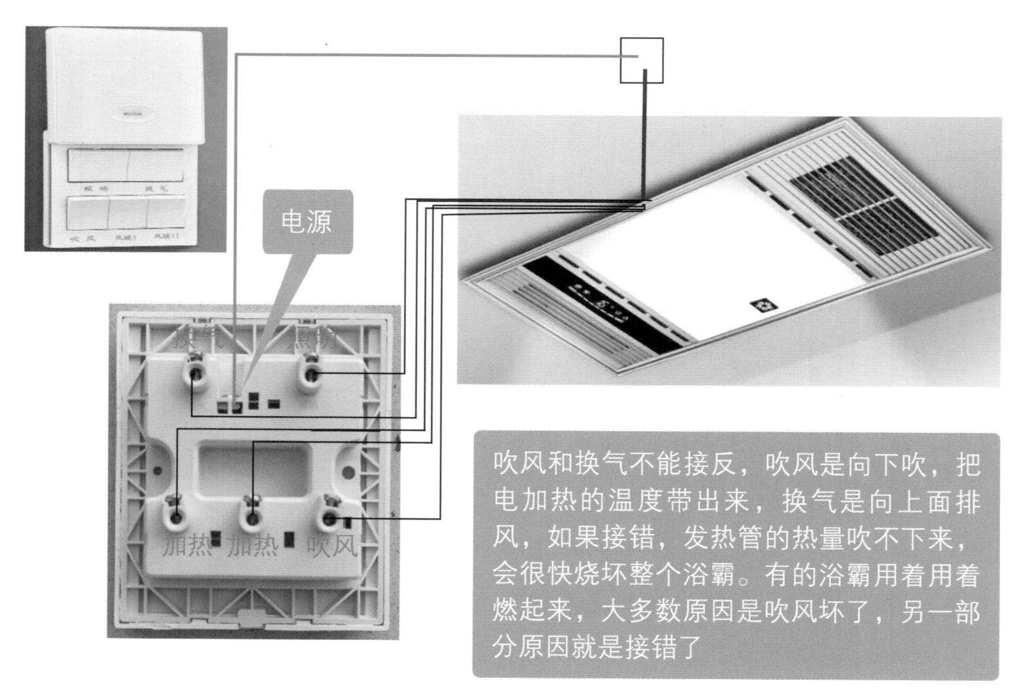

图6-25　浴霸的实物接线图

第7章 电路图

作为一个电工，一定要学会看电路图，特别是电气原理图。在这一章，我将带领大家由浅入深地了解电路图，看懂电路图。

7.1 电路的组成

如图7-1所示，电路至少由四部分组成：电源、导线、控制、负载，这四个基本条件组成一个完整的电路单元。图7-1中，开关K闭合，我们就说电路接通了，形成闭合回路，负载灯泡就可以工作了。我们把开关闭合叫通路，开关断开叫断路，在负载前面任意地方火线和零线直接连接就叫短路。所有电路，只能在通路的情况下正常工作，短路和断路，负载都不能正常工作。

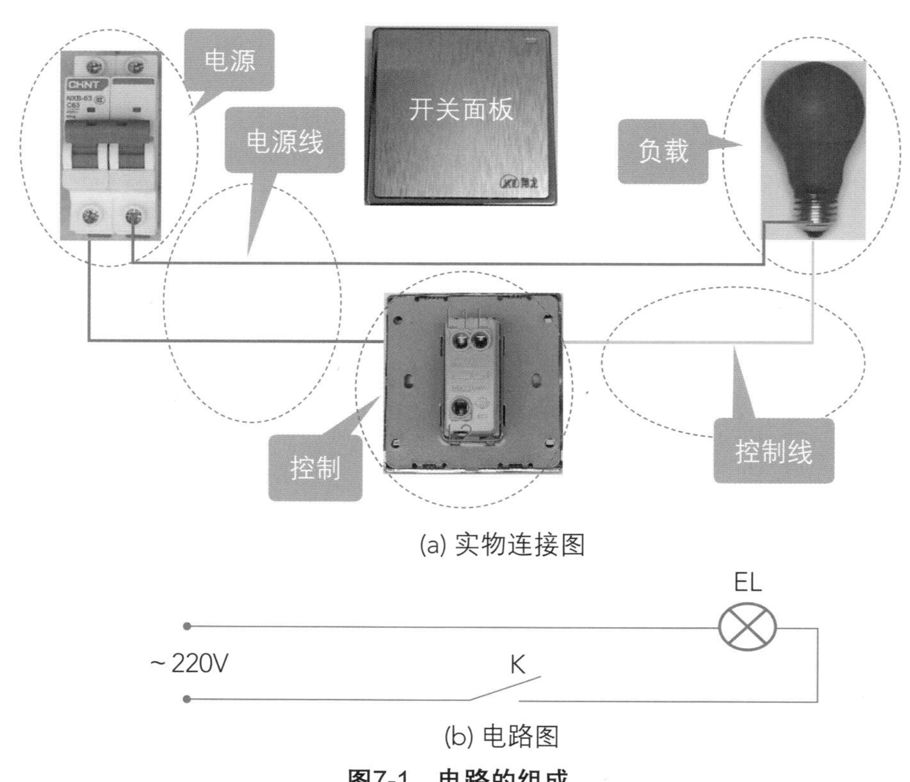

(a) 实物连接图

(b) 电路图

图7-1 电路的组成

7.2 主回路和控制回路

如图7-2所示为电机启动停止正转电路，图中红圈内是运行设备的主体，包含了传送电能的开关和所有导电回路，我们把这一部分叫主回路；图中蓝圈是为了达到控制电机运行目的的电路，我们叫它控制回路。

主回路通常有电源开关、接触器、热继电器、导线和负载，通常是接触器吸合设备就工作，反之设备停止。

控制回路是我们为了对设备实现自动控制、精确控制、安全控制而配置的电路。主回路往往是高电压、大电流，控制回路为了操作安全，往往是低电压、小电流。

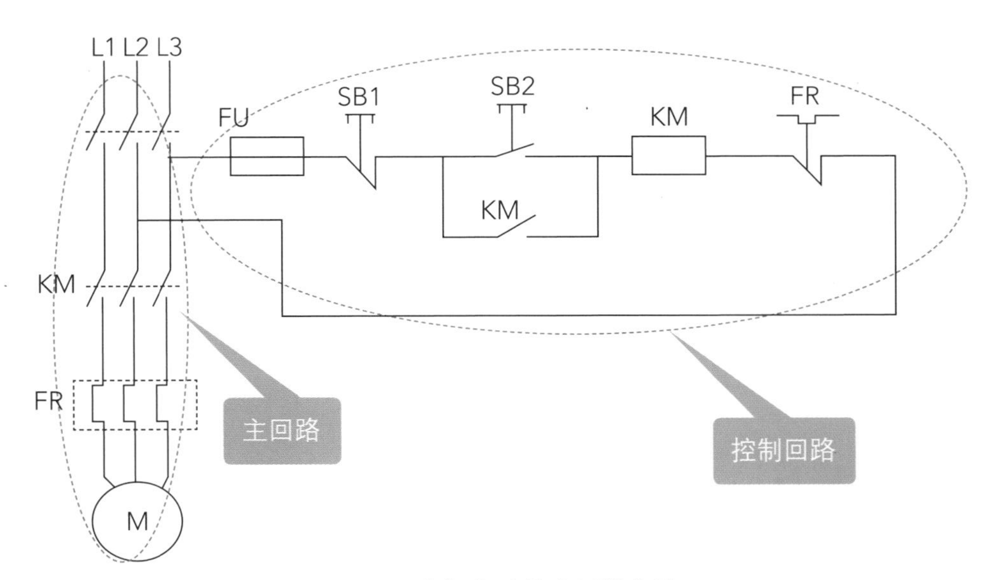

图7-2 电机启动停止正转电路

7.3 串联和并联

在电路中，串联和并联随处可见。串联是电路中各元件顺次首尾相连，在电气回路中，大多是主回路开关、控制开关、条件限制开关形成串联。并联是指电器或者元器件，首首相连再尾尾相连。串联多见于控制，并联多见于负载。在电路中，串联分压，并联分流。

串联和并联，如图7-3和图7-4所示，图中主回路是空气开关、接触器和热保护器形成串联电路，控制回路的保险和两个停止按钮以及接触器线圈和热保护器辅助常闭触点，它们每一个元器件和整个控制回路形成串联电路，它们中间有任何一个元件断开，电路就不能正常工作。图中的两个启动按钮和接触器的常开辅助触点属于并联关系，它们只要有一个接通，就能够让电路通路。两个运行指示灯和故障指示灯属于负载并联。负载大多数时候都是并联关系，负载串联的电路有苛刻的运行条件，比如两条电压110V功率相等的发热管，就需要串联才能在220V的电路中使用，普通负载并不能直接串联使用。

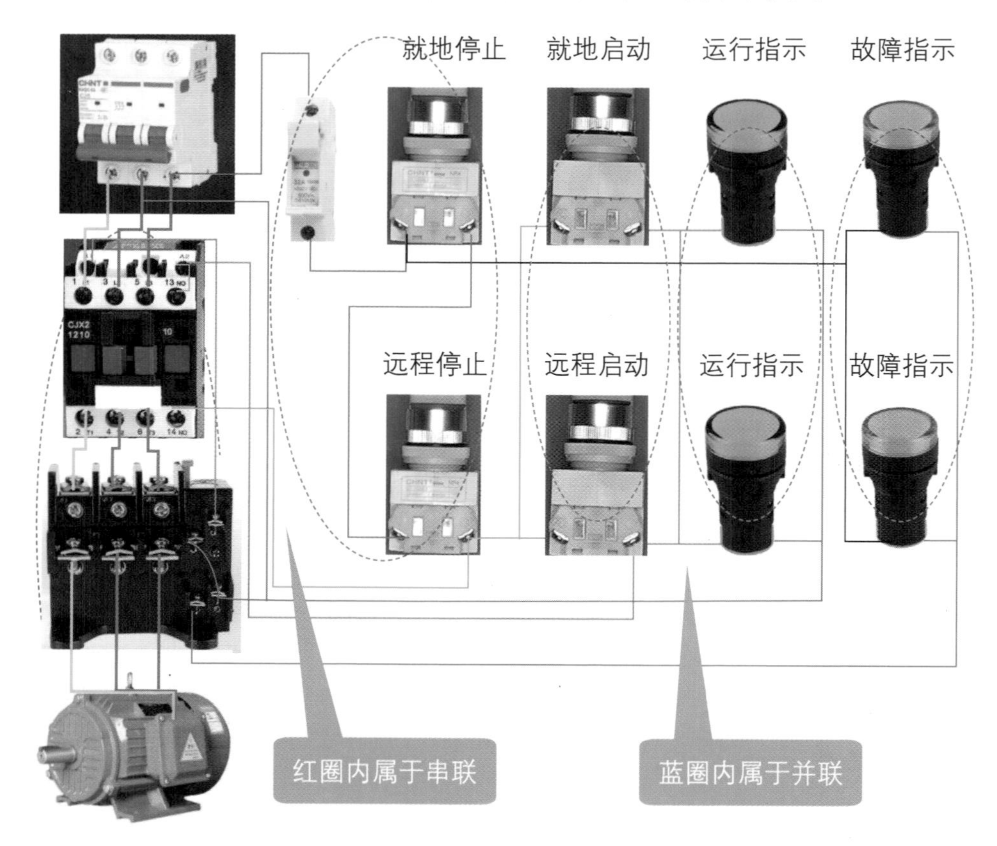

图7-3　远程就地控制一个电机实物连线图

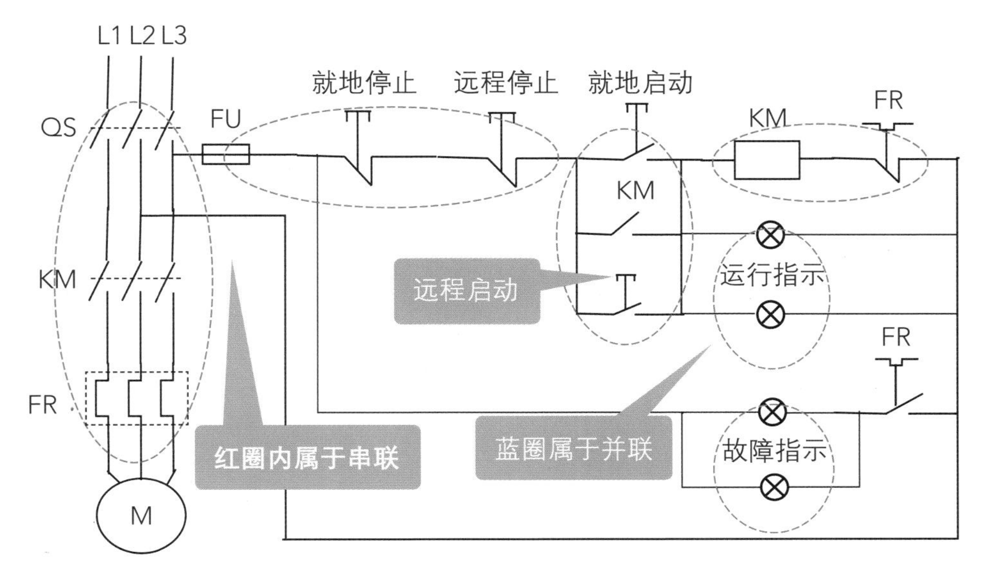

图7-4 远程就地控制一个电机电器原理图

7.4 联锁和互锁

（1）联锁

电气联锁就是电气设备相互制约的关系，一般顺序启动、顺序停止就要依靠电气联锁来实现。如图7-5所示，KM2是控制发热管加热的接触器，KM1是控制风机的接触器，KM2要工作，必须保证风机正常工作了才能启动，否则烧坏发热管，所以KM2被控制风机的接触器辅助常开触点联锁。

（2）互锁

如图7-6所示，三相电机的正转和反转是通过接触器调换三相电源中的任意两相来实现的，如果两个接触器同时吸合，就会导致电源短路，因此在电路上为了保证安全，采用了按钮和接触器双重互锁。

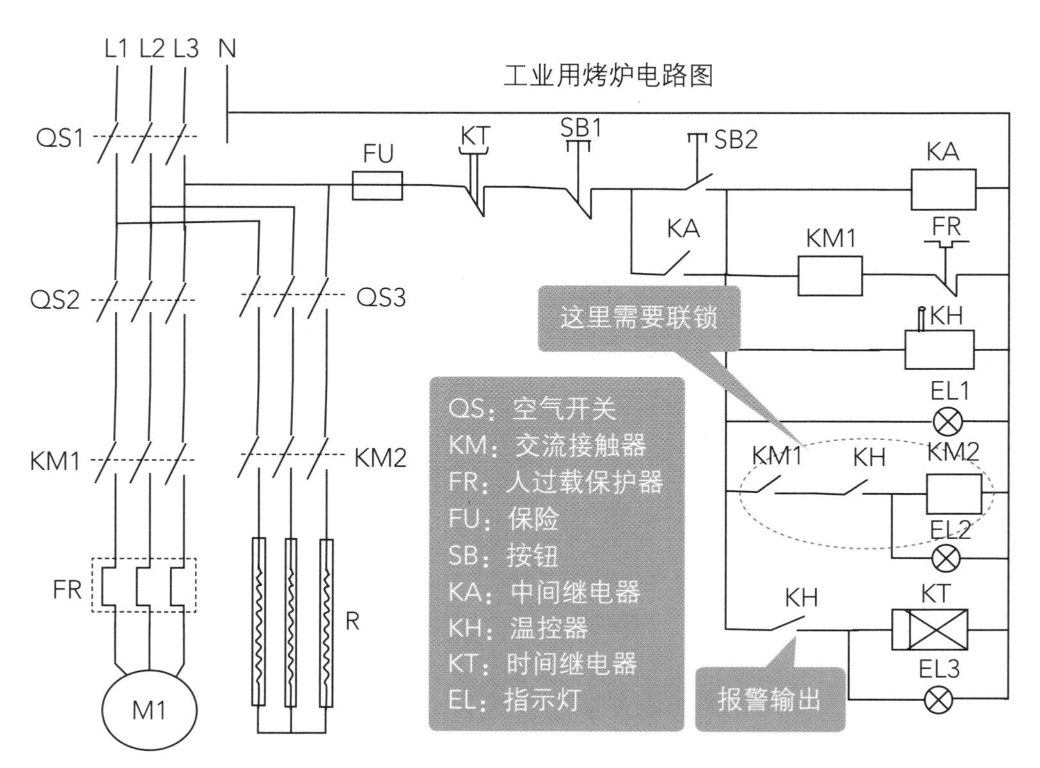

图7-5　工业用烤炉电气原理图

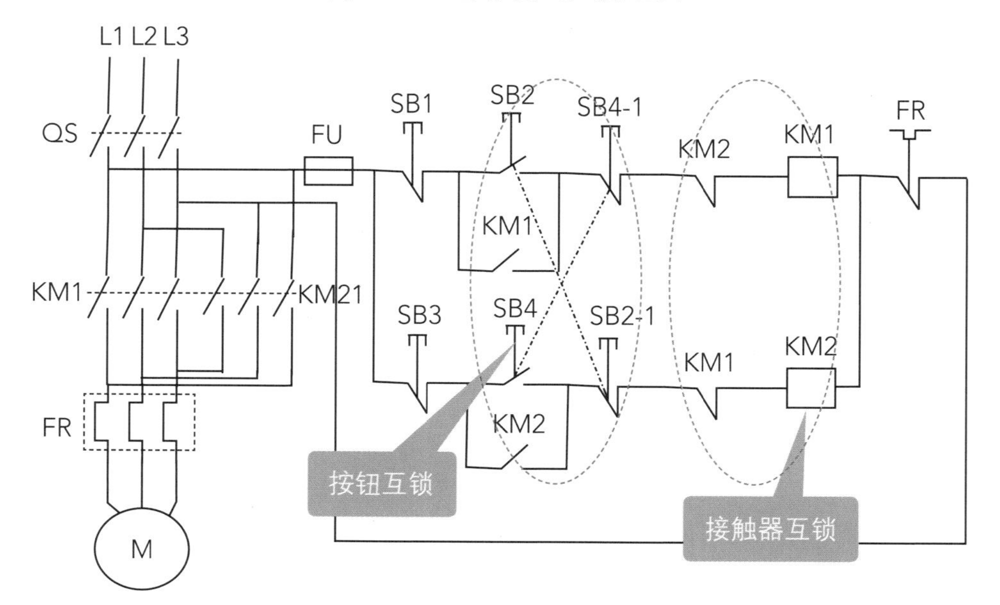

图7-6　电机正反转控制按钮接触器双重互锁电气原理图

方法是这样的：按钮SB2是一种带一对常开触点和一对常闭触点的复合按钮，按下SB2，SB2接通KM1线圈，SB2-1同时断开KM2，保证KM2和KM1的线圈不会同时得电，SB4和SB4-1也是同样的工作原理，这就是按钮互锁。

在KM1线圈前面串联KM2的常闭辅助触点，在KM2线圈前面串联KM1常闭辅助触点，就是为了保证KM1线圈接通前必须保证KM2线圈是断电的，在KM2线圈接通前必须保证KM1线圈是断电的，因为只有线圈断电，它的常闭辅助触点才是接通状态，这就是接触器互锁。

星三角启动电气原理图如图7-7所示，KM2和KM3如果同时吸合，将直接导致三相电源短路，因此，在电路上设置了接触器互锁，就是KM2线圈得电的时候，必须保证KM3线圈是断电的，在KM3线圈得电的时候，必须保证KM2线圈是断电的。

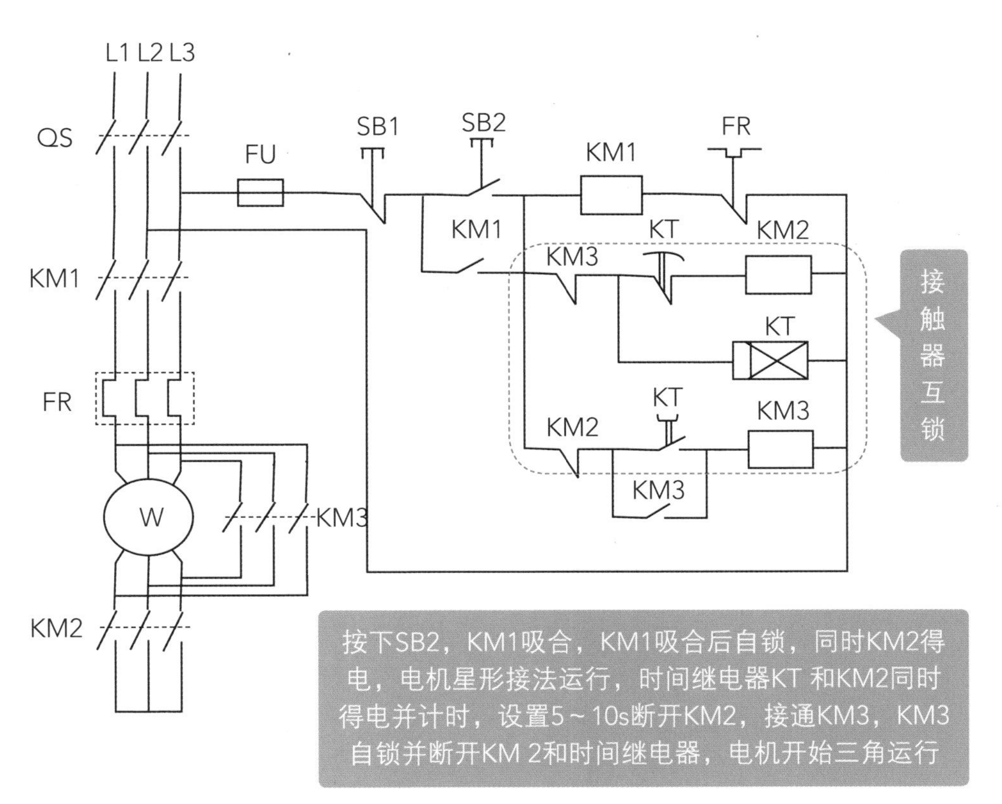

图7-7　星三角启动电气原理图中的接触器互锁

有的正反转电路由于工作切换比较频繁，为了防止因为接触器触头粘连导致短路，除了电气互锁，还要用到机械互锁，如图7-8所示。这种专用接触器机械互锁块安装在两个接触器中间，它保证两个接触器永远只有三种状态，即都不吸合、左边吸合右边不吸合、右边吸合左边不吸合，两个接触器永远都不会同时吸合，这就是机械互锁。

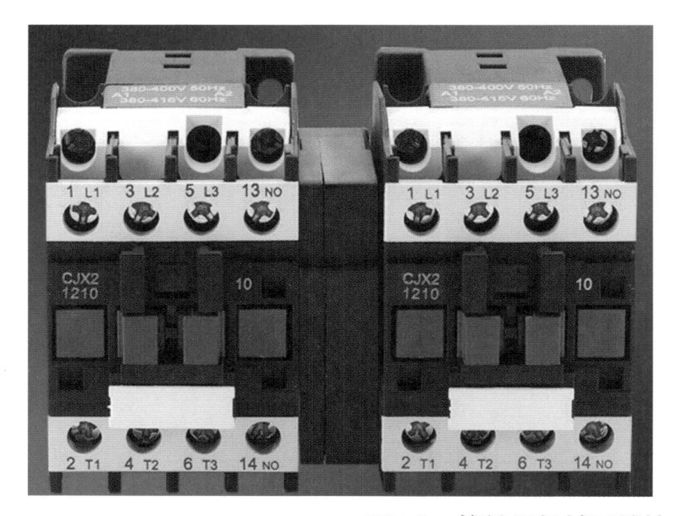

图7-8　接触器机械互锁块

7.5 自锁

作为电工，能够理解自锁电路，就基本上能够看懂电路图了，因为电气原理图所表示的电气元件的逻辑位置和元器件本身实际位置并不一致。理解自锁电路，首先就是在电气原理图上找到逻辑元件在实际元器件中的位置。如图7-9是最基础的自锁电路，我们以这个电路为例子，来讲解自锁电路。

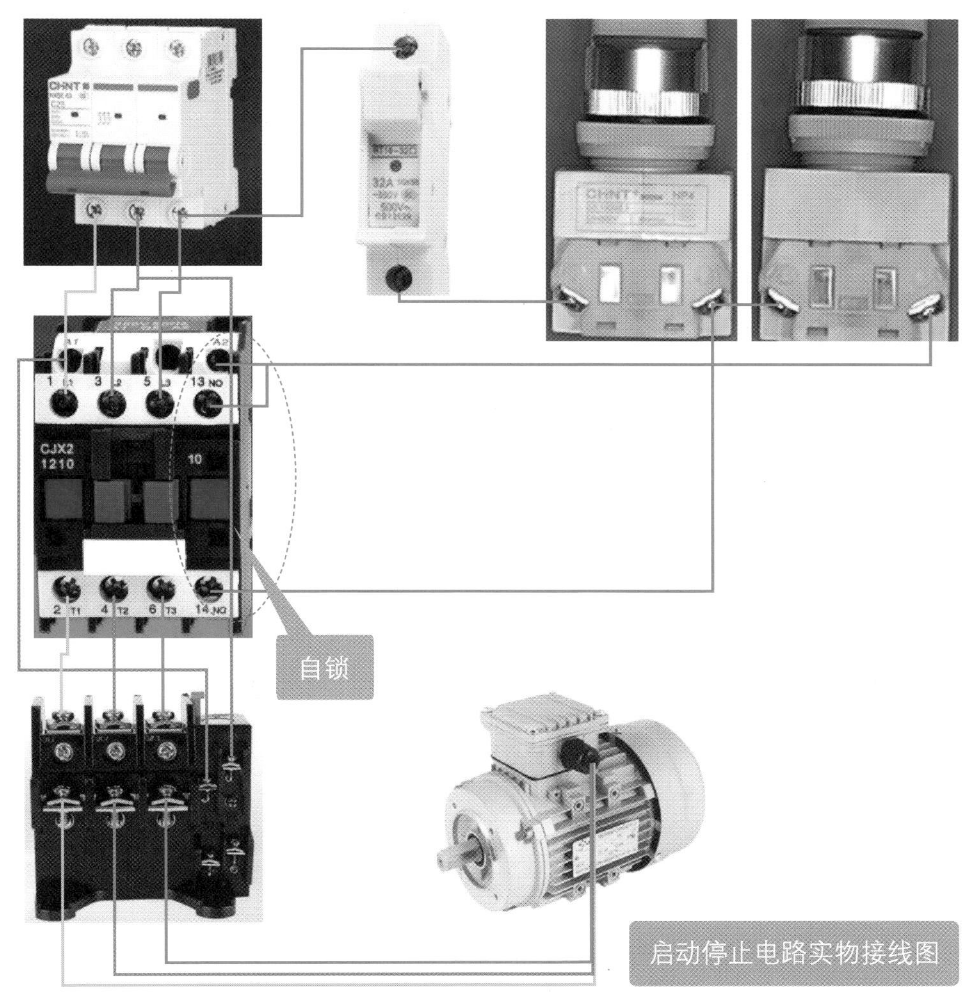

图7-9　电机启动停止电路实物接线图

在这里，我们的目的是运行这个电动机，如图7-10所示，用接触器接通三相电源，电机就可以工作，接触器在这里的作用和左边的用刀闸控制电动机的作用是一样的。接触器的主要作用就是把图中虚线部分的线路接通或者断开，和刀闸不同的是，刀闸是靠人力推动接通或者断开电源，接触器是靠它自己的线圈得电或者断电就可以接通或者断开主电路电源，电机的运行和停止依靠接触器的线圈接通或者断开来实现。

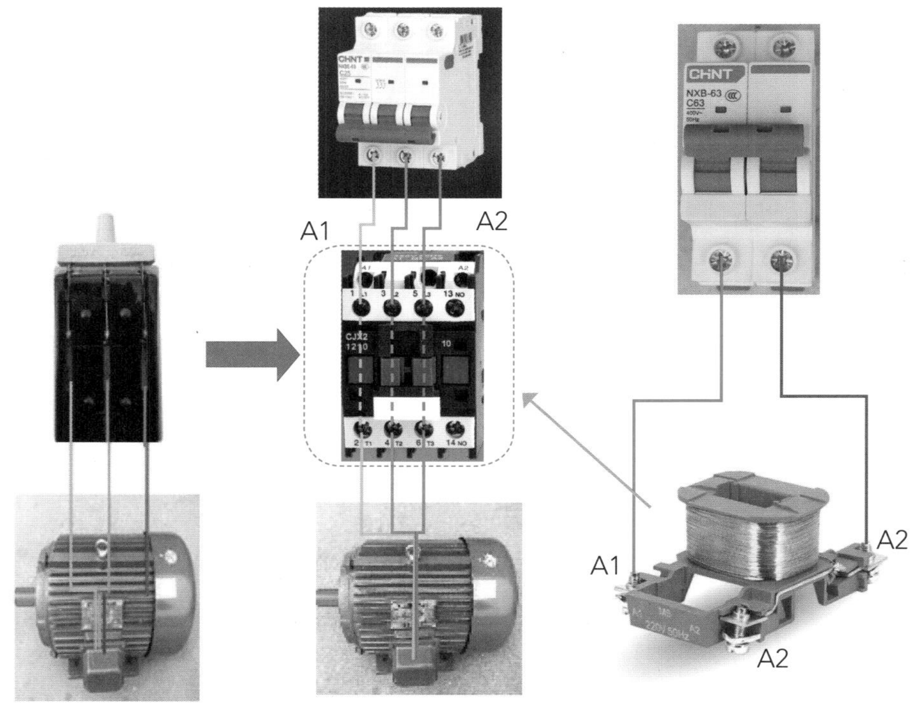

图7-10　接触器的作用

（1）自锁电路的形成

如图7-11所示，我们要让接触器线圈得电，只需要给接触器A1和A2接通电源就可以了。图中，红线直接连接到线圈的A1，绿线经过一个按钮连接A2，这样，按下按钮，接触器线圈得电，接触器吸合，电机工作；松开按钮，接触器线圈断电，接触器断开电机的电源，电机停止，这就是点动控制。

如果需要电动机连续运行，就需要接触器线圈长期通电。图中蓝线就是把电源接到接触器常开辅助触点的一端，再从辅助触点的另一端连接A2，只要接触器一吸合，电源就通过蓝线再经过已经闭合的辅助触点，连通到A2，形成自锁。所以，这个时候，只要按一下按钮，接触器就通过辅助常开触点接通电源自锁，接触器长期得电，电机长期运行。

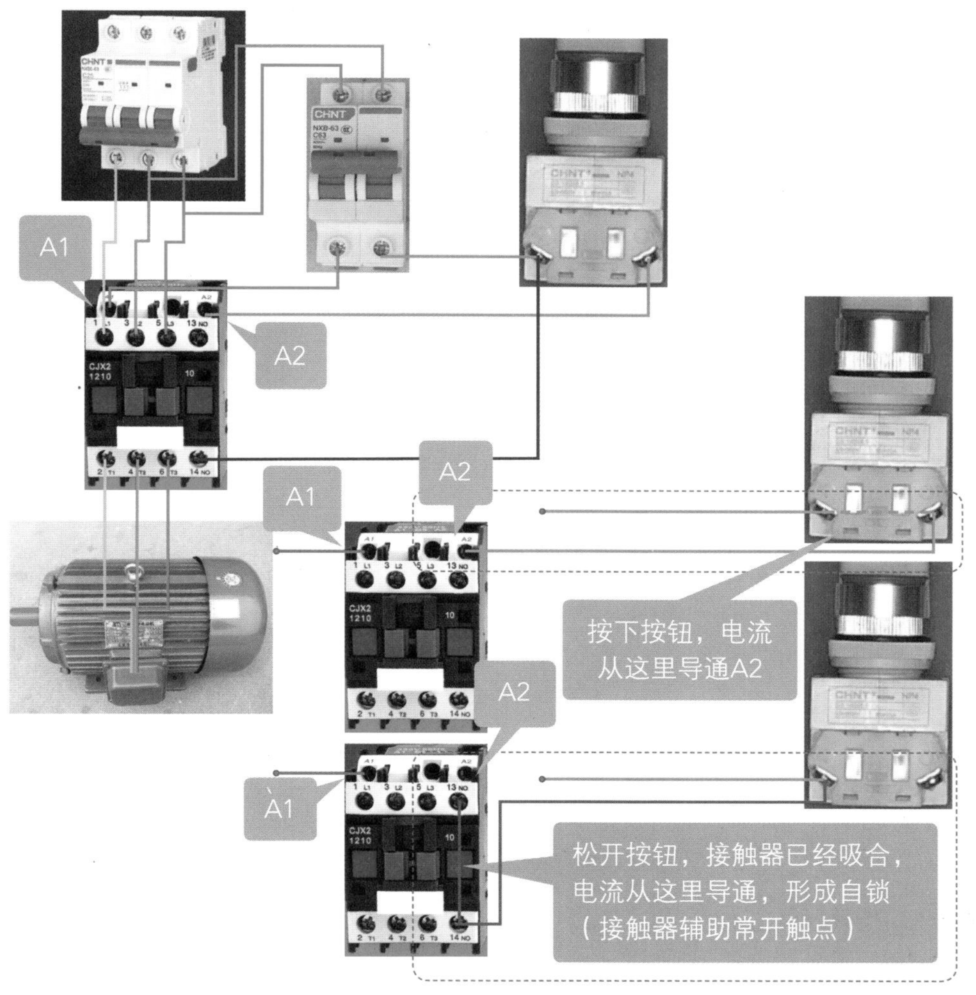

图7-11　自锁的形成

（2）自锁电路的电气原理图

图7-12是启动停止自锁电路形成的电气原理演化过程，我们分四步来理解这个控制电路：第一步，在KM线圈前面加个启动按钮，形成点动；第二步，利用接触器常开辅助触点自锁；第三步，启动按钮前面加停止按钮；第四步，停止按钮前面加保险，KM线圈后面加热保护辅助常闭触点，组成完整保护回路。

这个图对应的是图7-9启动停止电机的实物接线图，我们要理解电路原理，就需要看懂电气原理图，并把这个电气原理图对应到实际的电气元器件的位置，我们就真正理解了电路原理了。

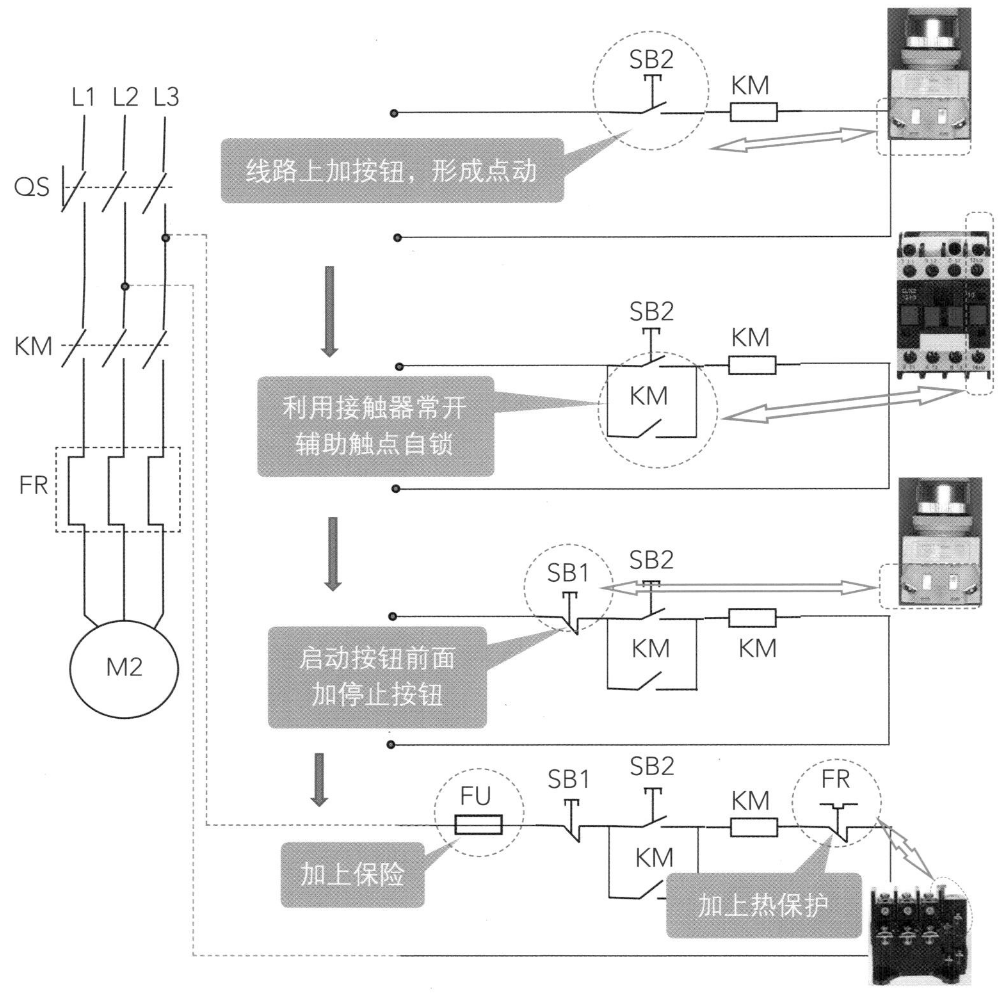

图7-12 启动停止自锁电路形成的电气原理演化过程

7.6 电气符号

要看懂电路图，还需要认识一些常用的电气元件符号。电气原理图中所有电器元件，都是采用国家标准中统一规定的图形符号和文字符号，由于电工工作涉及范围非常宽泛，不可能记住所有的电气符号，这里列举一部分维修电工经常用到的电气原理图中的常用电气符号，如图7-13所示。每个电工从业者都应该熟悉自己的工作范围中要涉及的电气符号，才能更好地理解电路图，处理电路故障就能够驾轻就熟，应对得当。

名称	图形符号	实物图	文字符号	名称	图形符号	实物图	文字符号
空气开关	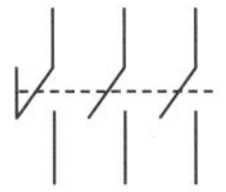	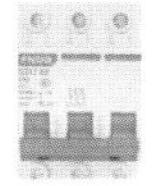	QS	选择开关			SA
接触器主触头	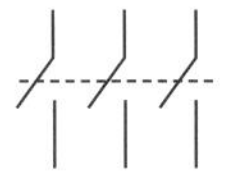	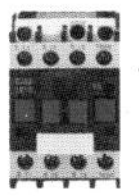	KM	按钮开关	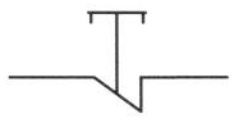		SB
热保护器	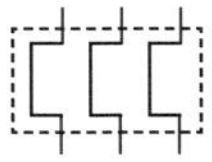		FR	按钮开关			SB
中间继电器线圈	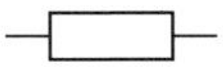		KA	延时闭合			KT
接触器线圈	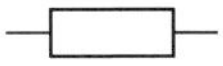		KM	延时断开			KT
时间继电器线圈	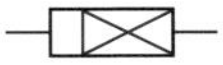		KT	热保护器			FR
温控器线圈	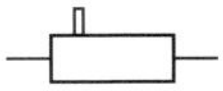	 9260 2013	KH	常开		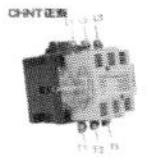	KM
电磁阀	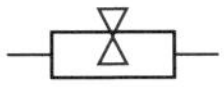		YV	常闭		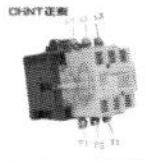	KM
电动机	 M		M	指示灯			EL

图7-13 电路图中电气元件符号

7.7 绘制电路图和接线

曾经给一个朋友做过一个电路配电，朋友自己做的设备，要求如下：两台电机M1、M2，要求M1先启动后M2才能启动，启动后两台同时正常工作；停机要M1先停止5sM2才能停止。

要配置这个电路，第一步就是根据要求绘制电路图，如图7-14所示。

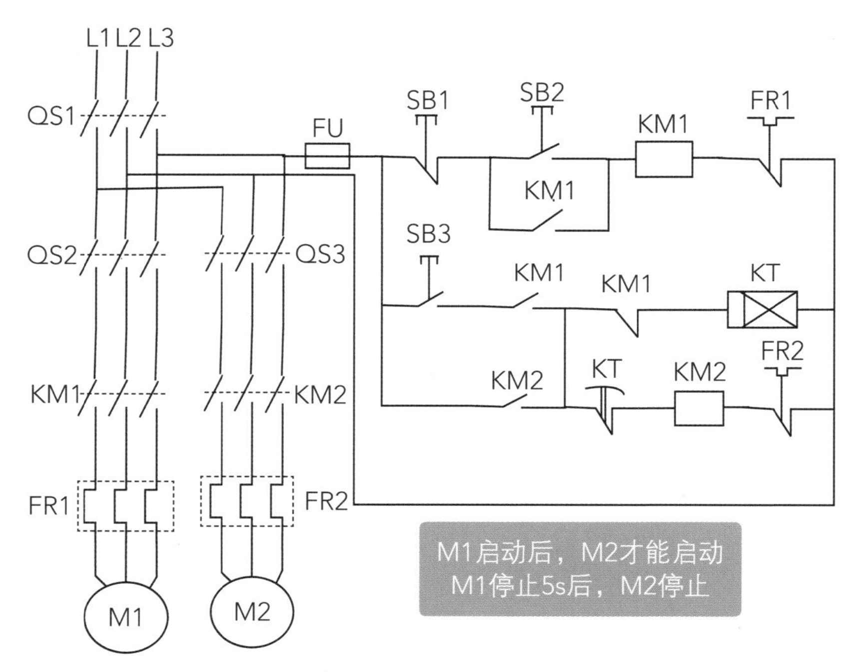

图7-14　两个电机顺序启动，延时停止电路

画好电路图后，我们要分析这个电路图，看看条件能不能成立。如图7-15分析电路所示，首先，按下SB2，KM1线圈得电吸合，KM1通过辅助触点自锁，如图中黄圈所示。

接着按下SB3，因为KM1辅助触点已经闭合，电流通过时间继电器延时断开的触点接通KM2线圈，KM2自锁，因为这时候时间继电器KT线圈前面串联有KM常闭，所以时间继电器是不会得电的，两个电机都一起工作，如图中绿圈所示。

按下SB1，KM1断电停止，KM1辅助触点复位，时间继电器KT得电计时，5s后断开KM2，整个电路停止工作，如图中红圈所示。

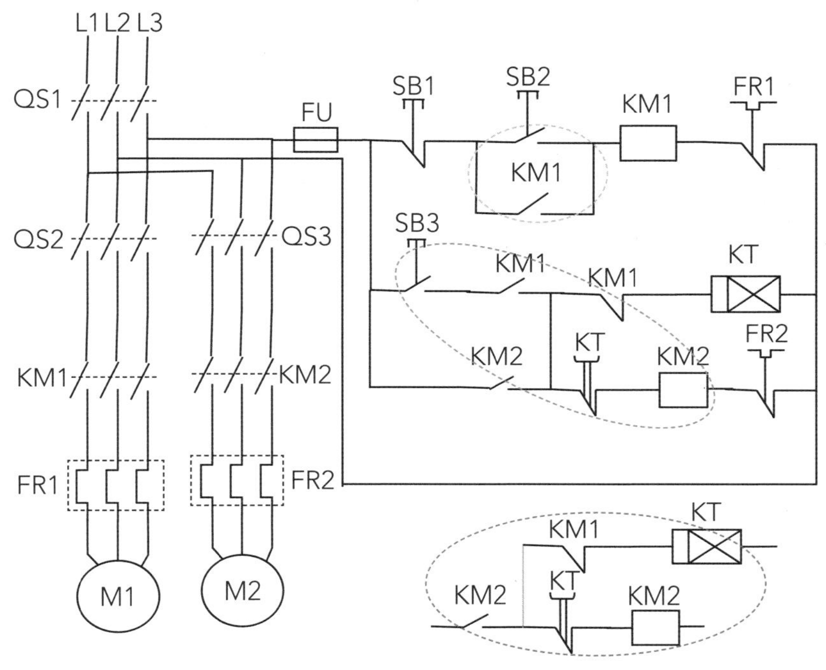

图7-15 分析电路

分析电路的目的就是在心中演示这个电路的电流流动路径，验证电路的可行性，确认无误后就可以准备电气材料了。这个电路的控制电压是380V，需要准备的接触器和时间继电器都需要线圈电压为380V。还有，KM1用到3组辅助触点，一般的接触器没有这么多辅助触点，就需要增加一个接触器辅助触点组件，这种接触器专用的辅助触头组件，安装在接触器上，和接触器同步动作，和接触器自身带的辅助触点是一样的。材料准备如图7-16所示。

材料准备好了，我们就需要给这个电路配线，在配线之前，我们需要对电气原理图进行线路编号，如图7-17所示。

线路编号分主回路和控制回路，在主回路三相电路中，用个位数表示相序，字母表示功能线。

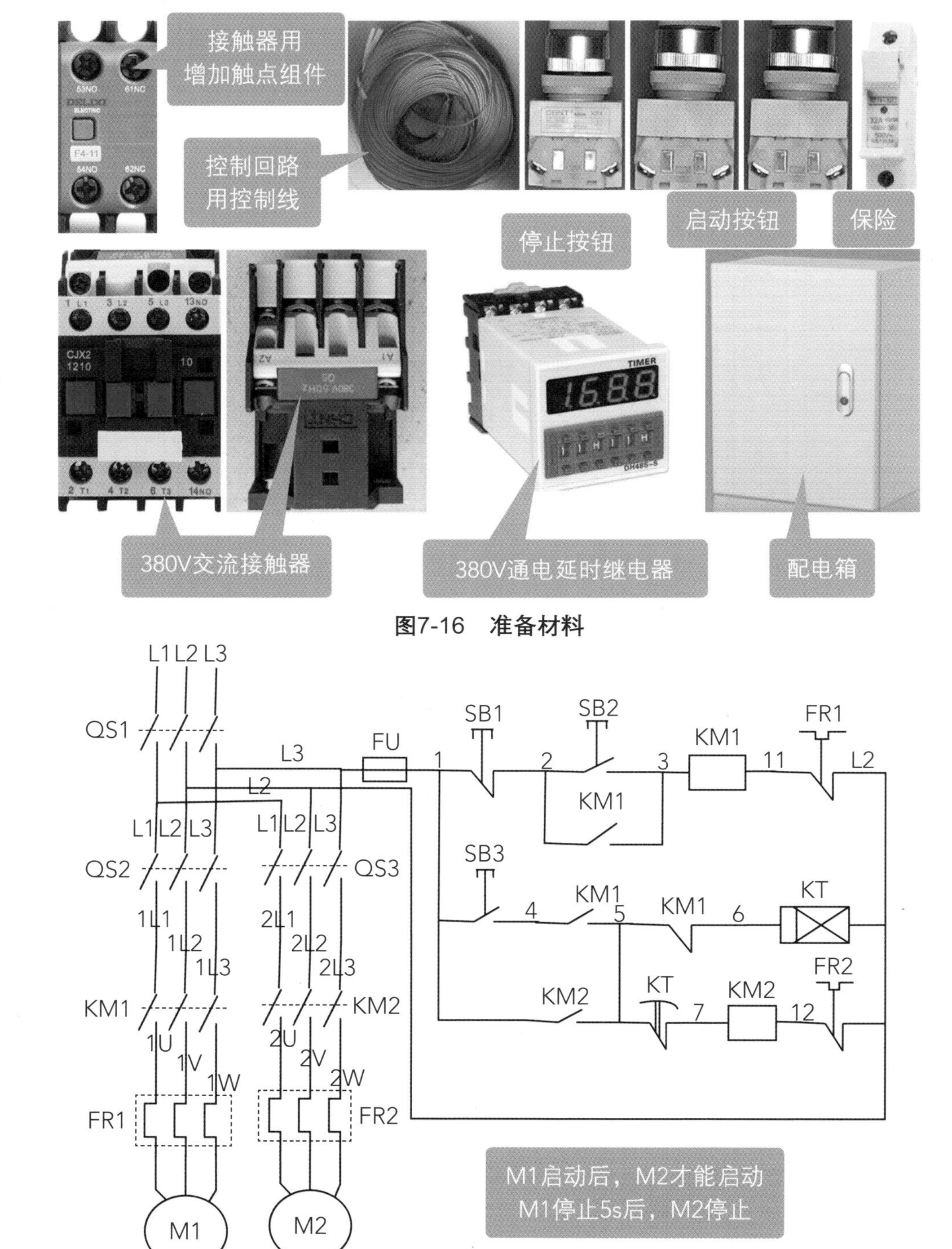

图7-16　准备材料

图7-17　线路编号

比如：L表示火线，N表示中性线；U、V、W表示三相设备的接线端子；L1、L2、L3表示三相火线；1L1、1L2、1L3表示第一个回路的三相火线；2L1、2L2、2L3表示第二个回路的三相火线。同样，1U、1V、1W表示第一回路设备接线端子，2U、2V、2W表示第二个回路设备接线端子。

控制回路编号通常遵循一个基本规律，就是“从左到右，从上到下，等电位相同”的原则。什么是等电位相同？就是一条线，不管连接了多少个点，电压都是一样的，所以线号也必须都是一样的。但过了开关，在开关闭合时，电压是一样的，开关断开时，电压就不一样了，所以开关前后线号也不一样。

把线号标好，就开始接线，如图7-18所示，我们要首先把控制线接好，通过通电试验，没有问题再连接主回路。

① 从总开关下口取L3接控制回路保险上端（图上用红色，主要是和别的线在视觉上有区分，并不是一定要用这个颜色），线两头都标L3。

② 过了保险的线号标1（图中橙线），分别接SB1前端，SB3的前端，再接到KM2的常开辅助触头14位置，每个线头标1。

③ 过了SB1标2（图中黄线），分别接SB2前端，KM1的常开辅助触头14，线两头都标2。

④ 过了SB2接KM1的线圈A2，再接到KM1常开辅助触头13位置，线两头都标3（图中绿线）。

⑤ 接着从SB3开始，SB3连KM1常开辅助触头的54位置（图中蓝线）线两头都标4。

⑥ 从KM1的53位置出来接KM1常闭辅助触头61位置，再接到KM2常开辅助触头13位置，再接到时间继电器底座4的位置，线两头都标5（图中紫线）。

⑦ 从KM1常闭62位置出来接时间继电器底座2，线两头都标6（图中黑线）。

⑧ 从时间继电器底座1出来接KM2线圈A2，线两头都标7（图中灰线）。

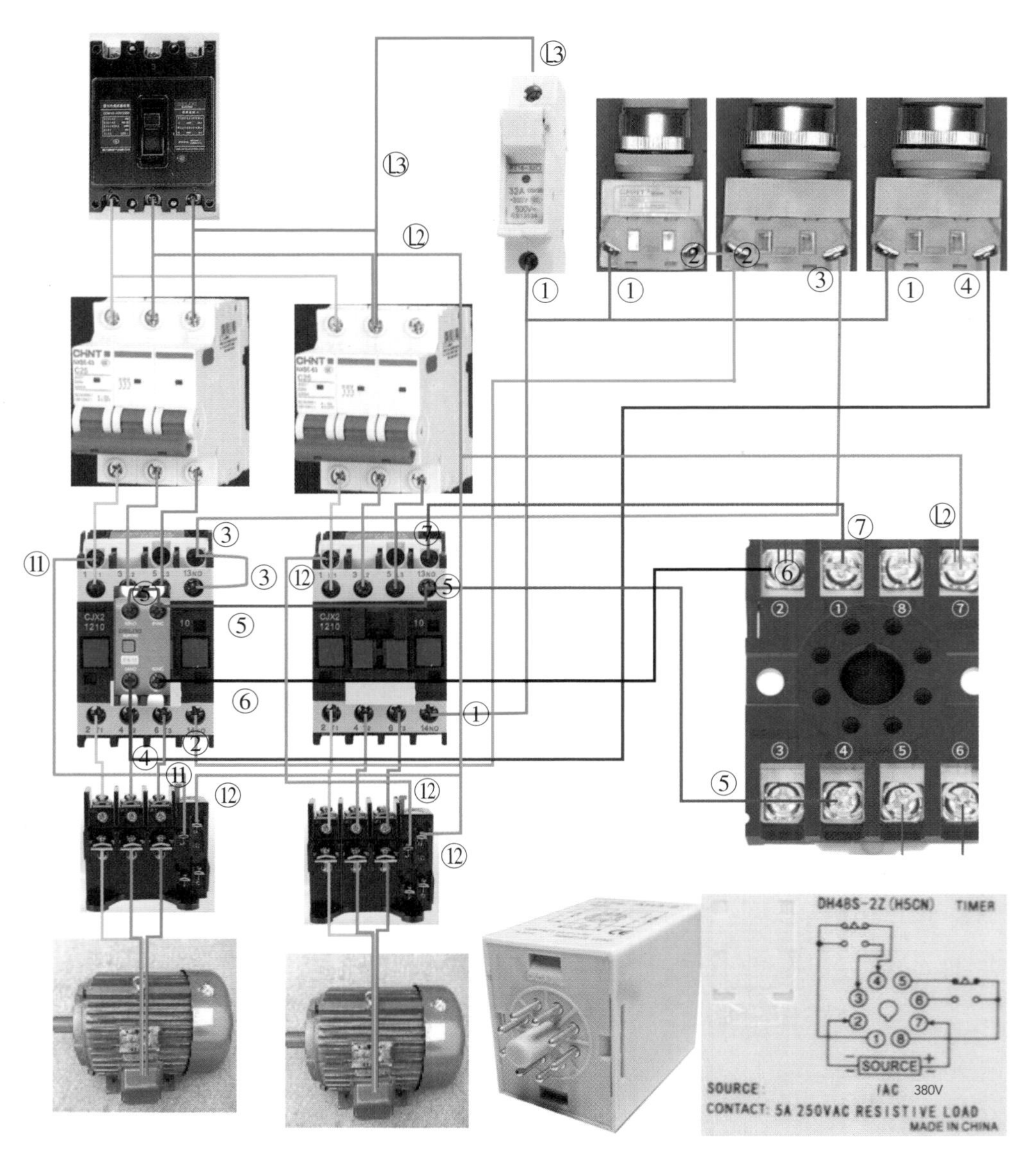

图7-18　两个电机顺序启动，延时停止实物接线图

⑨ 从KM1线圈A1出来接FR1的96，线两头标11（图中绿线）。

⑩ 从KM2的线圈A1出来接FR2的96位置，线两头都标12（图中绿线）。

⑪ 从总开关下口L2接线到FR1的95位置，再接到FR2的95位置，再连到时间继电器底座7的位置，线两头都标L2（图中绿线）。

把控制回路线路接好，通过通电试验，没有问题，就可以进行主回路接线了。一般主回路尽量采用标准的黄、绿、红分别来代表L1、L2、L3三相电源，这样不容易出错。把主回路接好线，确认无误，就可以到现场给设备进行安装了。

控制电路是电工必须掌握的基本技能，熟练掌握控制电路原理，才能进行复杂的维修，这里给大家分享一个维修案例。

维修铝材切割机

给客户维修过一台铝材切割机，今天，又打来电话，说这台机器又不运行了。

由于这台机器经常出故障，老板自己维修，线路改来改去，控制面板和配电盘如图7-19所示，实在搞不好了，才叫我去看看。

图7-19　铝材切割机

因为我不熟悉他的设备是怎么动作的，只好慢慢试，试了两个小时，也没有搞好。我说："算了吧，你这个线路也太乱，线又很差，让我给你拆了重新配线，搞好了很多年都不会坏。"客户觉得有道理，于是我按照他讲的操作方法绘制电路图，反复修改，然后我按照电路图给他讲操作过程，最后确定电路，绘制的电路图如图7-20所示。

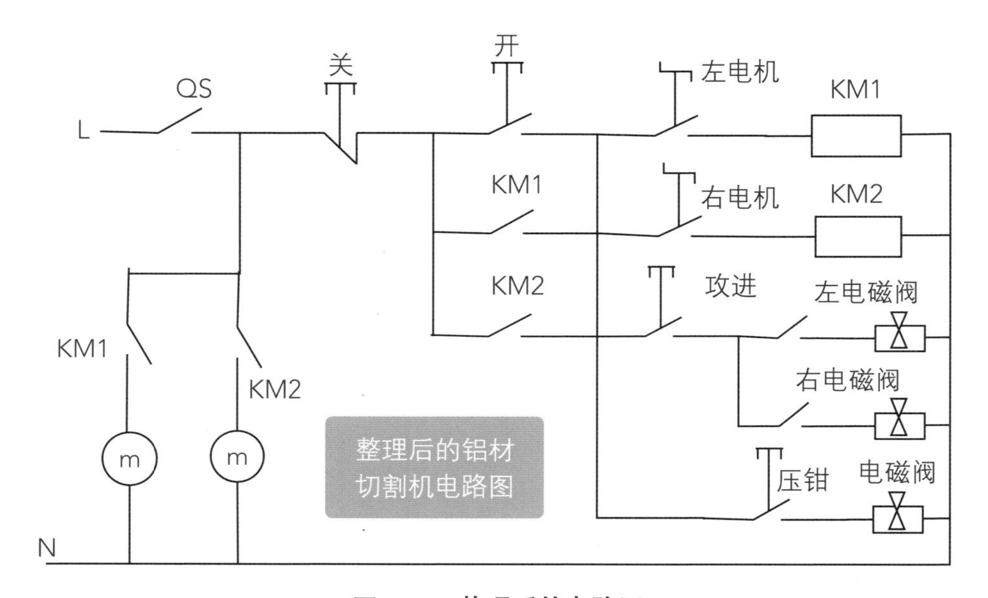

图7-20　整理后的电路图

因为条件有限，所以重新配线并不是很整齐，如图7-21所示。配好线路，上电试机，完全正确，和他原来的动作原理一模一样。

上午两个小时没有修好，下午一个小时就重新配线成功，有时候维修真的不如再造。

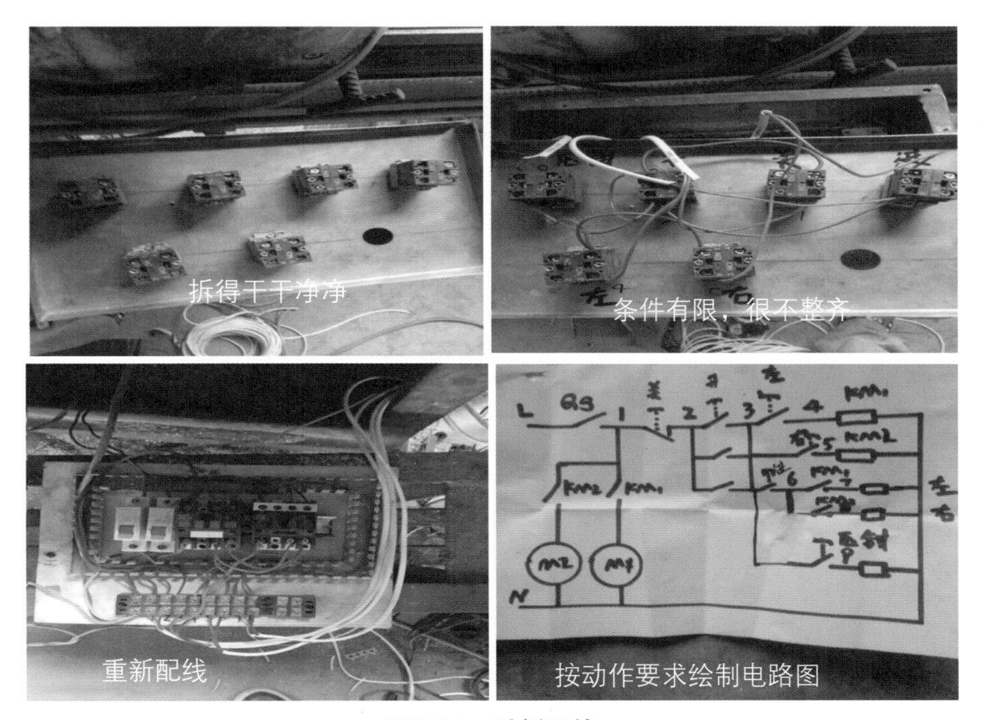

图7-21 重新配线

第8章

电动机原理与维修

8.1 电动机原理

电动机是把电能转换成机械能的一种设备。它利用通电线圈（也就是定子绕组）产生旋转磁场并作用于转子（如鼠笼式闭合铝框），形成磁电动力旋转扭矩。电动机主要由定子和转子组成，电动机工作原理是电流产生磁场，定子磁场和转子磁场相互吸引或者排斥，使电动机转动。电动机按使用电源不同分为直流电动机和交流电动机，电力系统中的电动机大部分是交流异步电动机（电动机定子磁场转速与转子旋转转速不保持同步速）。

作为电工，电动机原理与维修是一定要了解的，因为在今后的工作中，和电动机相关的故障会超过70%，我们只有先确定这个电动机的好坏，才能有其他相关故障的解决方案。这里只讲解一下占比超过90%的笼式电动机的运行原理。

理解笼式异步电动机，就要理解它的旋转扭矩是怎么产生的。电动机和发电机的原理是刚好相反的，我们先说一下单相电动机是怎么获得旋转扭矩的，电动机原理如图8-1所示。

图8-1中，在一个圆周内放置一个线圈，我们把它叫转子。在圆的90°和270°的位置放置两个线圈，把这两个线圈连起来通上电，线圈中就会产生磁场，磁场的电磁力就会把转子的两条边吸引过来。因为交流电的电动势是不断变化的，电动势在每一个频率周期都有一个从零到正的最大，再到零，再到负的最大，再到零，周而复始的过程。当这组线圈的电磁力把转子吸引过来，它的电动势马上就回到零，电动机并不会转动。于是，我们在圆周的0°和180°的位置又安装了一组辅助线圈，我们把前一组线圈叫主绕组，后一组线圈叫副绕组，当主绕组线圈电动势为零的时候，我们让副绕组产生电动势，就可以把转子线圈吸引过来。怎么实现呢？在副绕组上串联一个电容，当电路中电动势为正的最大值时，主绕组电磁力最大，主绕组吸引转子靠近主绕组的两个线圈，同时对电容充电。当主绕组电动势逐渐下降并归零时，电容开始放电，副绕组产生电流，电流产生电磁力，把转子线圈吸引过来，

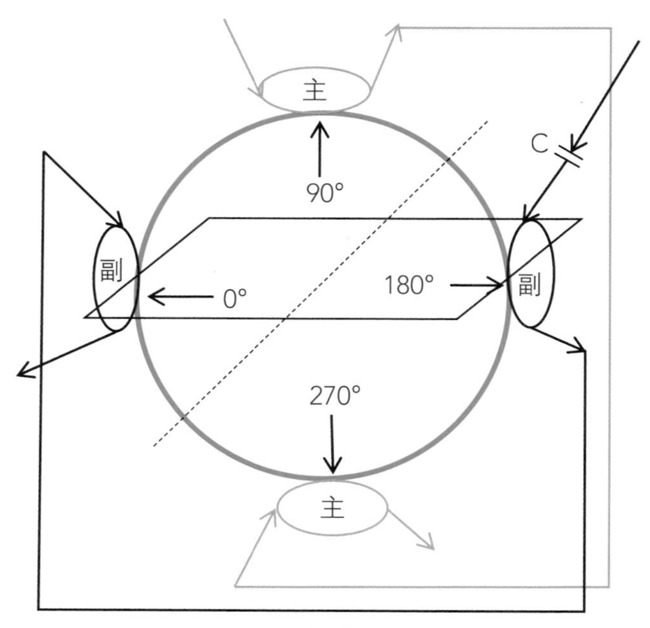

图8-1　电动机原理

当电路电动势循环到下半周时，又把转子继续吸引到270°的方向，同时又给电容充电。当负半周电动势归零时，电容又开始放电，吸引转子向0°方向，这样形成循环，电动机就旋转起来了。也就是说，主绕组和副绕组相差90°电角度，它们分别在不同的时间和空间对转子产生电磁力，使转子旋转。

理解了单相电动机运行原理，就好理解三相电动机的运行原理了。在一个圆周内，在空间上互差120°电角度，安置三组绕组，当A相绕组电动势最大时，吸引转子靠近A相绕组，A相电动势就开始下降，正好B相绕组电动势开始上升，转子向B相绕组吸引，当B相绕组电动势开始下降，C相绕组电动势开始上升，这样，三个绕组像跑接力赛一样，推动转子旋转。

笼式异步电动机的转子就是由铝条组成的一个一个方框连成的整体，电流流过定子产生磁场，磁场切割转子的铝框线圈产生电流，由于铝框是闭合回路，电流流动又会产生磁场，这个磁场一部分和定子相互作用产生转矩，一部分切割定子线圈又会产生电流，这一部分就是无功电流，这个电流又会回到电网。

重点提示

这里有两个知识点，一个是转子看上去是一个圆柱体，实际是由铝条组成的一个一个方框，就像老鼠笼子，所以叫笼式电动机。我们在工作中遇到过一个电机异常发热，找不到原因，后来把转子拆下来仔细观察，发现有一条铝条断了，重新焊接好后故障消失。

另一个就是电流输入电动机，电动机产生感应磁场，这是一个电生磁、磁生电的过程，一部分成为电磁力，转化成机械能（包括一部分热能）被消耗，消耗的部分叫有功功率；另一部分成为没有做功的无功电流回到电网。电动机重载，电动机功率因数就高，电动机无功电流就小；电动机轻载，电动机的功率因数就低，电动机的无功电流就大。这里不要混淆，无功电流大，并不会费电。我们普通电表是记录有功电流，无功电流是不会被计费，一般工厂只要进行了功率补偿，无功电流就没有损失。我们实际测量电流，重载电动机电流可以达到额定电流，轻载电流可以低到额定电流的30%左右，这是电动机的一个特点。

8.2 电动机维修

本书说的电动机维修，并不会讲到电动机线圈烧了，重新绕线圈的技术方法，这里只是给大家介绍判断电动机好坏的依据。

判断电动机好坏，两个数据很重要，一个是线圈绕组的电阻值，一个是线圈绕组的绝缘值。绝缘值就是任意绕组对电动机外壳的电阻绝缘值，电动机的绝缘值通常都在5～20MΩ之间，当然越大越好。

小于5MΩ不一定有问题，电动机在使用一段时间之后，潮湿和脏污都会影响电动机绝缘值，这是正常的。任何情况下，绝缘值小于0.5MΩ都可以判定电动机坏了，但是，如果这个绝缘值是因为进水等情况导致的，这种情况是可逆的，只需要把电动机转子取出，对电动机进行烘烤，绝缘值就可以恢复到正常状态。

我曾经处理过一台7.5kW的卷扬机电动机，故障是电动机跳闸，摇表测量绝缘值为0，拆开电动机，里面由于长期进水，铁锈和泥土已经堆积到线圈上了，结果发现线圈没有烧坏的痕迹，于是我把电动机定子转子都分别搬到水龙头下面，用清水冲洗，并用刷子刷，然后进行烘烤，烘烤了一个晚上，再淋上绝缘漆，等电动机凉了测量，绝缘值重新达到20MΩ，电动机又正常使用了很多年。

电动机绝缘值正常，就继续测量线圈电阻值。三相电动机的接线盒如图8-2所示，一般都是这两种情况，不是星形接法就是三角接法。不管是星形接法还是三角接法，测量U1－V1－W1任意两个端子之间的电阻基本相等，误差一般小于5%。电动机越大，电阻越小，一般10kW以上的电动机，电阻小

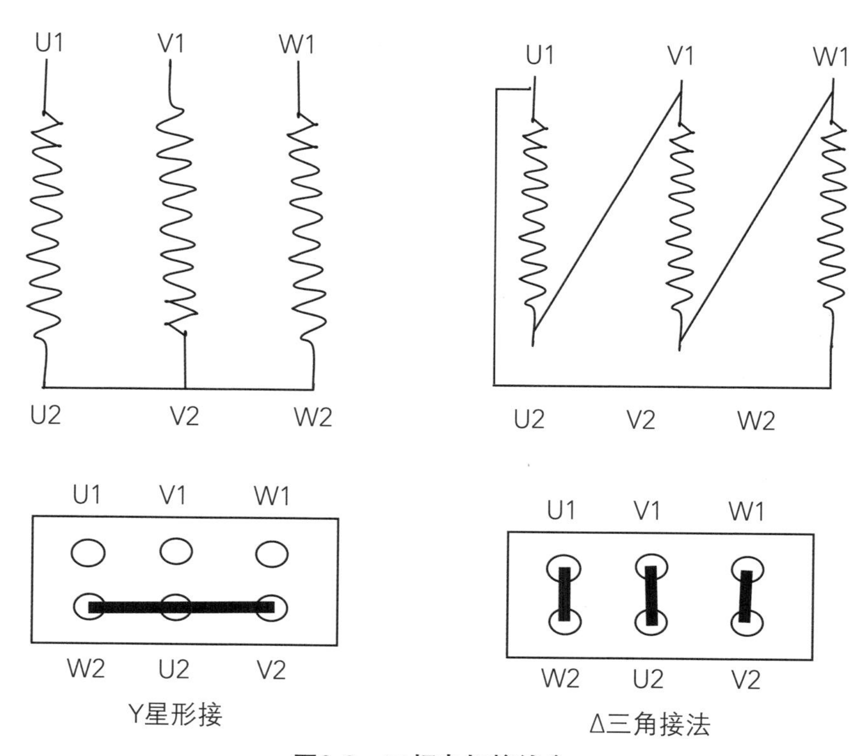

图8-2　三相电机接线盒

于1Ω是正常的，如果测量电阻值相等，电阻值又很小，就需要把上面连接片拆了，再量一下绕组与绕组之间的绝缘，也称为相间绝缘，这个绝缘值也是大于0.5MΩ，越大越好，如果低于0.5MΩ，肯定是坏了。

单相电动机的接线端子盒有三个接线端子的、四个接线端子的、五个接线端子的和六个接线端子的，三个接线端子的电机接线盒如图8-3所示，两个绕组中首端都有线引出来，一个用字母R（RUN）表示运行绕组，一个用字母S（START）表示启动绕组，两个绕组的尾端并一起引出来一条线，这条线是公共端，用字母（COM）表示，一般冰箱和空调压缩机都是用这三个字母标识。这种电机运行绕组是主绕组，启动绕组是副绕组。这种电机的主副绕组不能互换，它们的电阻规律是CR + CS = RS，如果测量结果不是这样，有可能是电机坏了。

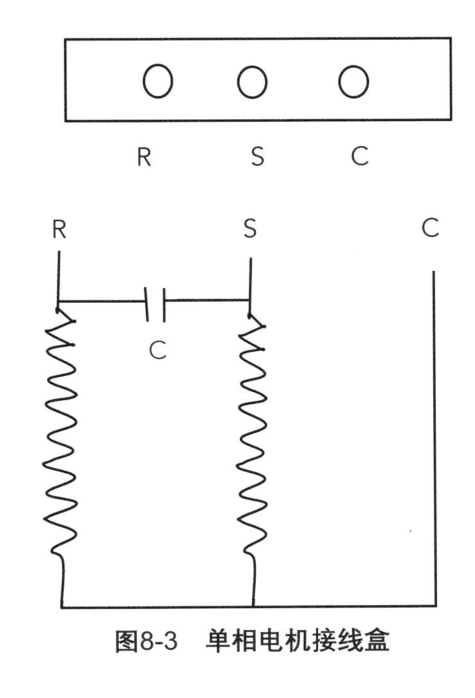

图8-3　单相电机接线盒

以一个油烟机电机举例，如图8-4所示。当红蓝端分别接电源，电机高速运行，这时候红蓝是主绕组，红黄是副绕组，电机高速运行，它们之间电阻的关系是红蓝116 + 红黄136 = 蓝黄252（Ω）。当黑蓝接电源时，黑黄是副绕组，黑蓝是主绕组，电机低速运行，它们之间电阻的关系是黑蓝161 + 黑黄91 = 蓝黄252（Ω）。

增压泵电机如图8-5所示，一般超过200W的电机，大多数都是主绕组的电阻小于副绕组的电阻，这是因为主绕组电机的绕组线径粗一些，电阻就小一些。小电机就不一定是主绕组电机电阻小于副绕组。

黄
黑
蓝
红
白

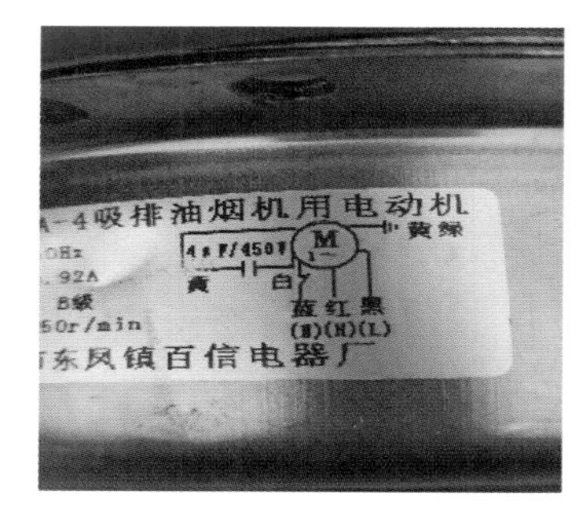

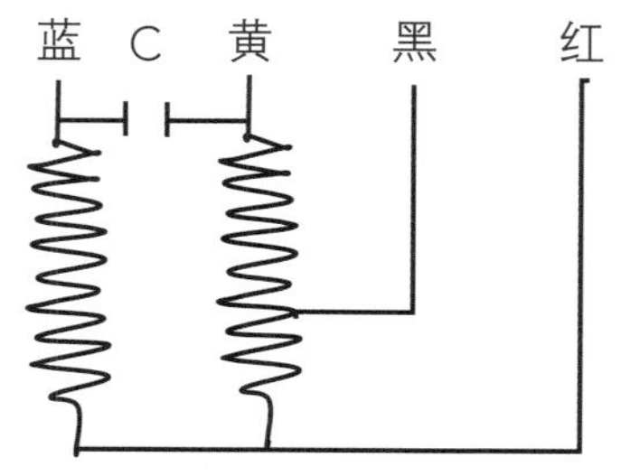

蓝黑161Ω　　蓝红116Ω
黄黑91Ω　　红黄136Ω
蓝黄252Ω　　蓝白0Ω

油烟机电机绕组高速和低速

图8-4　油烟机电机

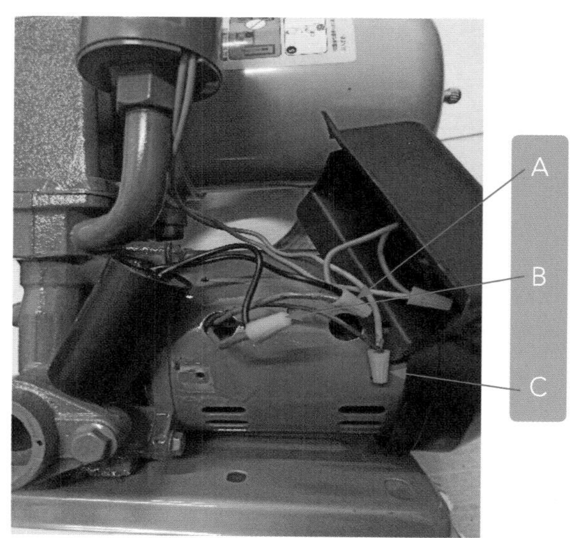

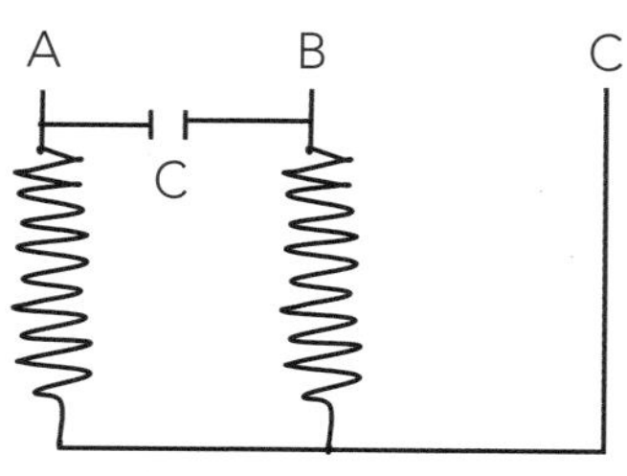

CA24Ω CB40Ω AB64Ω
主绕组 + 副绕组 = 主副绕组之和

图8-5　增压泵电机

三个接线端子的电机，有一部分是等绕组电机，这种电机不会用R、S来区分主副绕组，常用于小型正反转电机，比如图8-6的洗衣机的电机。

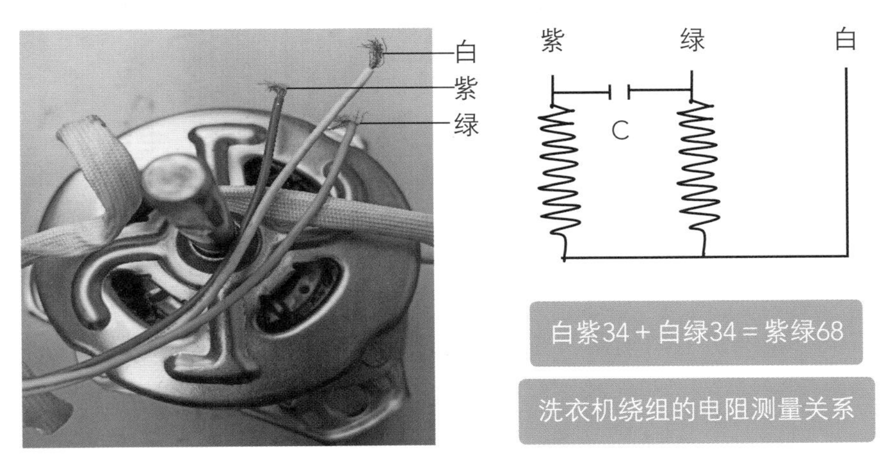

图8-6　洗衣机电机

两个绕组的首端用A和B表示，它们都可以互为主副绕组，哪一个绕组串联电容，哪一个绕组就是副绕组，尾端也是并一起引出一条线，用C表示，它们的电阻规律是：CA + CB = AB，CA = CB。不符合这个规律，电机就可能坏了。

电机接线盒有四个、五个或者六个接线端子的电机，只有四条引出线是电机绕组线，上面有标识，主绕组标U1－U2，副绕组标Z1－Z2，如图8-7双电容电机接线盒所示。

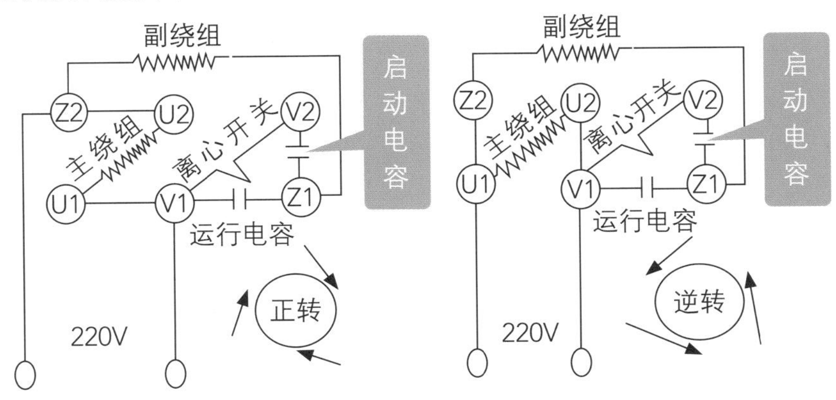

图8-7　双电容电机接线盒

测量时一定注意，只有直接测量到U1和U2，Z1和Z2才是绕组电阻，一般绕组电阻在几欧姆到十几、二十欧姆之间，U1－U2的电阻小于Z1－Z2的电阻。它们之间的相间绝缘值也是必须大于0.5MΩ，越大越好。这里要特别注意，V1和V2是离心开关，电阻为0是正常的。

单相电动机主绕组电阻小于副绕组并不是绝对的，一些电机功率很小，主绕组和副绕组的线径一样，那么主绕组的电阻会大于副绕组。重新绕线圈维修后的电机，维修师傅也可能用到一样的线径，主绕组电阻也会大于副绕组。

如果单相电机电阻值测量正常，还要检查电容是不是好的，有条件的可以换一个电容试试。

测量数据都是正常范围的，也不能肯定电机一定是好的，只有通电运行，电机长时间不异常发热，才能肯定电机是好的。

为什么呢？因为如果线圈内部匝间短路，不严重的短路测不出来，但只要存在线圈匝间短路，电机就算坏了。电机各种测量数据是好的，但电机运行无力、异常发热、转速慢，基本上都是线圈匝间短路的故障。

所以说，判断电动机有故障很容易，绝缘电阻值和线圈绕组电阻值，任意一项不正常就可以判有问题；但只有所有测量数据都正常，也只有通电运行了才能判断是好的。

还有一种情况，三相电动机运行不正常，测量线圈电阻正常，绝缘值正常，检查电源端电压正常，不要先判断电机坏，有可能是连接电机的开关或者接触器坏了，这种情况要在运行中测量开关上下口电压，开关上口电压是正常的，开关下口电压要注意，因为连着电机，绕组会返回电压，但如果电压不和开关上口一模一样，就可能是开关坏了，所以，判断电动机是不是坏了，测量电机本身数据只能是一个参考，还要综合其他因素做判断。在这里，分享几篇日志给大家借鉴。

处理一台水泵故障

下面是一个网友分享的经验，我觉得很有参考价值。

水泵房一消防水泵，30kW，在夜班运行时烧坏，经师傅检查，通过空气开关的电流为100A，接触器电流为80A，热继电器整定电流为60A，换30kW4极电机启动，卡电流近60A，连续运行数小时，电机温度升至70℃稳定，收工。

十几天后，夜班报电机烧坏，追查原因，夜班诉苦说热继电器连续动作，来不及处理就调至自动复位，更换新电机后，发现电机电流从天黑后开始上升，八点多，热继电器动作，电机热得发烫，无奈退出运行，查电路正常，泵无损坏。机修师傅和电工师傅一起讨论，认为白天正常，夜班过流与用水量有关，白天用水大，水压低，夜里水压高、负载重，提出改为变频恒压供水，但因为投资太大被否决，数日无法解决。

办公室里邻桌的电器主管给我诉苦，我拿来图纸看，发现此系统为三台泵并联互为冗余，出问题的是其中一台，我便提出这台泵有问题，机械主管认为泵是好的，他说试过了，拆下此泵在别处运行，一切正常，但并入此系统就过流发热，电器主管认为电路电机都正常，两个人争论半天无结论。最后仔细观察终于找到问题，这台泵是换过的，在换泵时只考虑了外形尺寸、功率、出水量，没有注意其扬程小于原配，结果是白天勉强能工作，夜班时管道压力增加，新换的泵因扬程低，出水压力小，管道内压力大于水泵出水压力时，水流反冲，水泵叶轮反转力矩很大，造成了电机电流大。换一台同扬程泵，运行正常，问题解决。

日志 处理一台行车故障

昨天准备移交两台行车给甲方，试车时发现其中一台有问题，上下左右正常，按前进时好时坏，有时走着走着不走了，捣鼓两下手把又好了，但反方向走，再捣鼓两下又反过来；按后退正常。这台车前几天看了一下，当时认为线未接好，将手把线拆下看了，控制电路也看了，未发现问题，认为只是接触不良，也未深究。今天要移交了，总不能带问题移交，所以我拿手把亲自试车。他们说前进不正常，我就按前进，按一下前进，行车进，松开再按，行车退，再按，又进，再按，又退，循环，按后退正常，还有这种故障，会是哪儿出问题了？怎么解释都说不通啊。

如图8-8所示就是出现故障的这一台行车。第二次到现场，先试车，按前进，按一下前进两三米，再按一下倒退两三米，故障还在。上行车，拉上去手把线，打开控制箱，眼盯着那个接触器，按前进，震动一下前进，松开，再按，震动一下前进，松开，再按，震动一下前进，很吓人，跑两三米松开，再按，后退，跑两三米就循环，跑一米内就不循环，按后退也这样了，震动太大，很怕行车掉下去，不敢按了。分析可能是电机方向接反，一个带着一个强行跑，但是不敢轻易去倒线，反复推敲后，觉得行车不会因为倒线而掉下去，所以拆开电机盖子，倒线，试车，好了，电机轻轻地启动，前进后退，运行非常稳定。

图8-8 行车

就是这个小问题，在没找出故障前，各种解释都不合理，现场也有很多人有各种推测，现在故障找出了，觉得电机接反的故障原因又合理了。

机械共振引发电机故障

这是一个朋友分享的一个案例，他们的脱硫塔顶上，有一台轴流风扇，用15kW、4极电机直接拖动，电工用100A的空气开关，60A的接触器，30A

的热继电器整定，启动后热继电器动作，但无法工作，查电机正常，润滑良好，电工便加大整定至50A，启动十多秒，热继电器保护，卡钳表来不及测电流，电工短路热继电器95、96号点。强制启动后，测电流从启动时190A，2～3s后40A，以后逐渐上升，不到20s，空气开关跳闸，电工无奈，上报至项目部，朋友只得与机械主管、电器主管去会诊。电器主管认为电路、电机正常，遂开机再试，机械主管一听就明白了，是机械共振在作怪，高高在上的风机与钢结构的基座产生了机械共振，振幅越来越大，破坏了风机动平衡，引起电机电流过大。机修人员加固了机座，再试就好了。机械主管说，如果任它振下去，几分钟就会振断固定栓。

日志 电机线路检测

工程完成接线工作之后，对线路和设备的检测必不可少。我这次就从冷却塔的8台电机中查出两台电机有问题，如果不检测出来，试机就会烧电机，会给企业带来严重影响。

不要认为新电机就一定是好的，新电机很容易被烧，除了接线错误外，新电机在出厂装配、运输、安装过程中都有可能受到损伤，户外安装还可能淋雨进水。一般经过一个月运行的电机很少出问题。

那天我完成接线后，用万用表检测电机的电阻值和电机绝缘状况，发现一台30kW冷冻泵电机相间绝缘和对地绝缘有问题。电机是星三角启动，所以方便测相间绝缘，电机测绝缘如图8-9所示，新电机的正常值应该在十几兆欧以上，这台电机只有200kΩ左右，对地更低，只有40kΩ。我判断是电机进水了，我把情况向工程主管说了，他听了很着急，因为第二天要试机，问我怎么办，我告诉他，可以把电机定子线圈取出来烘烤，但电机比较大，取线圈存在损坏线圈绝缘的风险。

最后他决定这台先不试机，还是找厂家处理，后来厂家来人，打开电机，里面至少半桶水，而且果然在取电机定子线圈的时候线圈被损伤，厂家又回去拿来绝缘漆，处理好后试机，一切正常。

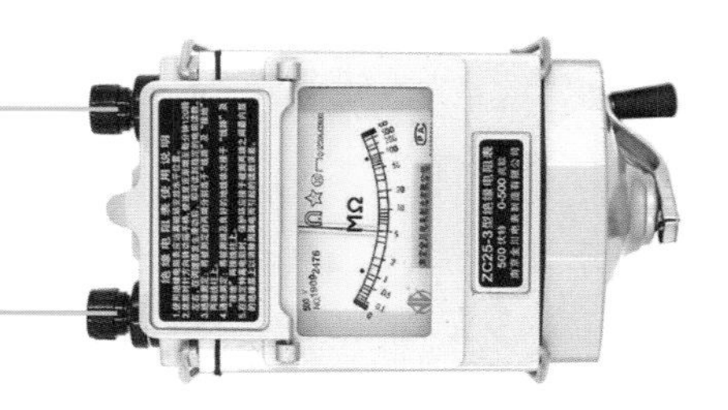

图8-9　检测绕组和机壳的绝缘

另一台是5.5kW风扇电机，是另一厂家的电机，因为是三角接法，电机只引出三条电源线和一条地线，只能测对地绝缘，而对地绝缘也只有200多千欧。

今天电机厂家来人了，打开接线盒测量绝缘，结果绝缘值有2MΩ了，低是低点，但可以运行的，我接上线开机，正常。我对厂家人员说：“不好意思，让你们白跑一趟，但我前几天测量确实是不合格，所以不敢通电。”厂家说：“你测量没错，这电机盖子破过，前段时间我来换的盖子，可能进水了，我们也有心理准备，今天都带了电机来，所以到现在才来，这几天天热，现在水分可能蒸干了，你办事稳妥没有错。”

是的，我也觉得稳妥没有错。

供配电系统

供配电系统的大致流程如图9-1所示，从发电厂发出的电，它的电压是比较低的，需要经过升压变电所将低电压变换成高压或者特高压，这些高压一般在110kV以上。升高的高压电再经过输电线路送到用电地区，送到这些用电地区之后要对高压进行降压，也就是我们所说的降压变电所，把电压降低到10kV后再送到工厂或者用电中心。

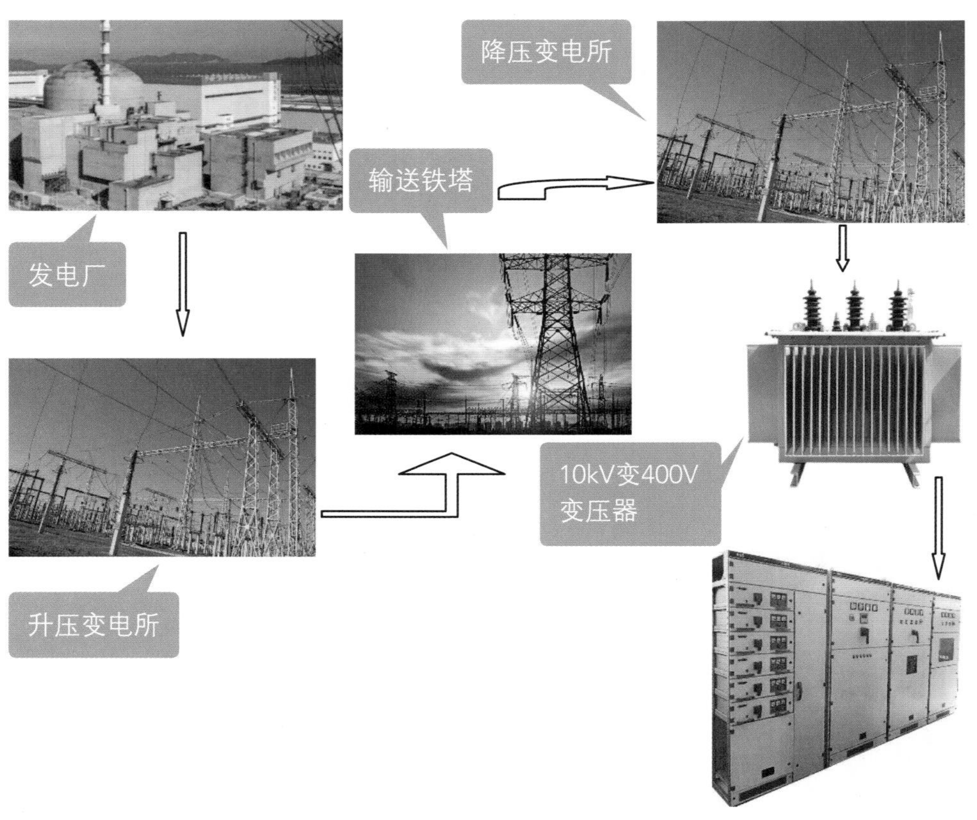

图9-1　供配电系统的组成

电能为什么要进行高压输送呢？我们来作一个简单的计算，要把发电厂A的电能10kW输送到用户B，根据$P=IU=I^2R$（功率＝电流×电压＝电流^2×电阻）这个公式，假设A和B之间的电阻为20Ω，我们输送10kW的电能，如果电压为1000V，则电流为10A，线路的损耗功率为$10^2\times20=2000$W，如果电压升高到10000V，则输送10kW电能的电流为1A，线路损耗功率为$1^2\times20=20$W，我们继续升高电压到100000V，则输送10kW电能的电流只有0.1A，则线路损耗功率为$0.1^2 \times 20 = 0.2W$，由此可以看出，要降低线路损耗，电压升高10倍，线路损耗功率降低10^2（即100）倍。可以看出，高压输送电能的意义非常大。

降压变电所把电压降到10kV以后，我们用电时还需要把10kV的电压经过变压器降低到动力设备所需要的380V电压或照明所用的市电电压220V（其实也是380V这个电压等级）。

知识点

380V是指火线与火线之间的电压，即线电压，220V是指每一条火线与零线之间的电压，即相电压。这个电压全称是工频50Hz380V正弦交流电。

9.1 发电机

我们所使用的电能不管来自火力、风力、水力还是核能，都是发电机发出来的，那么发电机发电是一个什么原理呢？

发电机发电是利用了电磁感应原理，如图9-2所示。

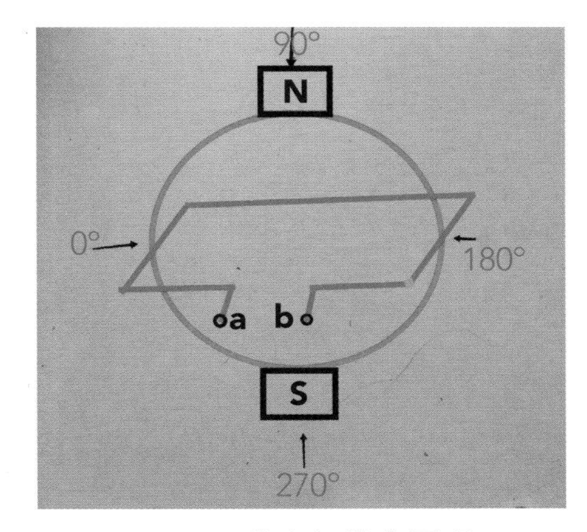

图9-2 发电机发电原理

图9-2中，我们把一组磁铁固定在一个圆周内，这组磁铁就会有两个磁极，S极和N极，用一个线圈以这个圆周的圆心为轴旋转，线圈切割这两个磁极的磁场，线圈相对于磁极就有四种特殊位置：水平位置，垂直位置，再次水平位置，和再次垂直位置。

线圈在切割磁场的时候，越是靠近磁极，产生的感应电动势越强，反之越弱，也就是说，在线圈处于水平位置的时候，线圈的感应电动势为零，线圈逐渐靠近磁极，感应电动势逐渐变强，到90°时最强。再继续旋转，电动势逐渐变弱，到180°时，感应电动势又为零，我们把0°到180°定义为上半周，那么180°到360°就为下半周，线圈旋转在正半周，如果在线圈a和b端之间接个负载，电流就由a流向b，同样，线圈继续旋转，进入下半周，这时候接个负载，电流由b流向a。

线圈随时间变化感应出的电动势的变化如图9-3所示，线圈旋转一周，电动势由零到正的最大，再到零，再到负的最大，再到零，我们把它叫一个周期，单位时间旋转的周期就是频率，用赫兹表示，一秒钟旋转一个周期就是一赫兹，工频50Hz正弦交流电就是这么来的。

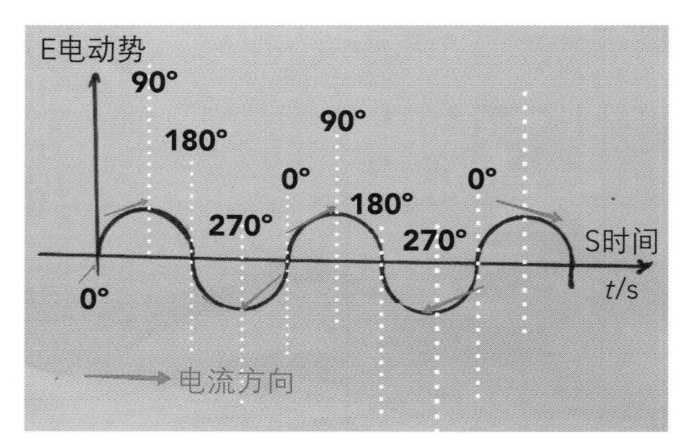

图9-3 线圈随时间变化感应出的电动势的变化

9.2 变压器

变压器是利用电磁感应原理，以相同的频率在两个或两个以上绕组之间通过升高或降低交流电压而传输电能的一种静止电器。实物如图9-4所示。

图9-4 变压器

在电力系统中，一方面，向远方传输电能时，因线路的功率损失与电流的平方成正比，为减少线路上的电能损耗，需要通过升高电压、降低电流来传输电能；另一方面，又因用户的用电设备一般不能直接使用高压，又需要降低电压，这就需要能实现电压变换的变压器。

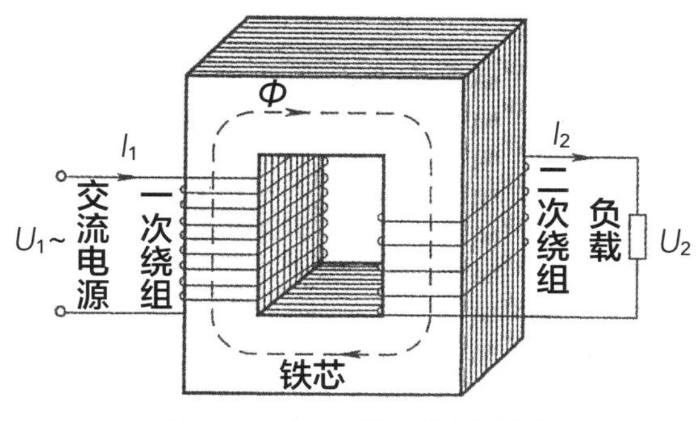

图9-5 变压器工作原理图

变压器主要由铁芯和套在铁芯柱上的绕组组成，通常输入电能一侧的绕组称为一次绕组，输出电能一侧的绕组称为二次绕组，单相双绕组变压器的工作原理如图9-5所示。

当一次绕组接上交流电压U_1时，在一次绕组中就会有交流电流I_1通过，并在铁芯中产生交变的磁通Φ。这个交变的磁通不仅穿过一次绕组，而且也穿过二次绕组，并在两绕组中分别产生感应电动势E_1和E_2。此时，如果二次绕组与负载接通，便有二次电流I_2流入负载，二次绕组端电压U_2就是变压器的输出电压，于是变压器就有电能输出。

根据电磁感应定理，感应电动势的大小与磁通、绕组匝数和频率成正比。即

$E_1=4.44fN_1\Phi_{\mathrm{m}}$

$E_2=4.44fN_2\Phi_{\mathrm{m}}$

式中 f——频率；

N_1，N_2——一、二次绕组的匝数；

Φ_{m}——主磁通的最大值。

两式相除得

$$\frac{E_1}{E_2}=\frac{N_1}{N_2}$$

因在一般的电力变压器中，绕组本身压降很小，仅占一次绕组电压的0.1%以下，因此，$U_1\approx E_1$，$U_2\approx E_2$，代入上式得

$$\frac{U_1}{U_2}=\frac{N_1}{N_2}=k$$

上式表明，一、二次绕组的电压比等于匝数比。因此，只要改变一、二次绕组的匝数，就可以得到不同的变压器输出电压，这就是变压器能够改变电压的原理。一、二次绕组匝数的比值k称为变压器的电压比（简称变比）。

9.3 配电柜

在工厂，10kV的高压经过变压器变成380V电压后，一般接入成套配电柜，如图9-6所示，这个配电柜通常还会并联一个电力电容补偿柜，如图9-7所示。

图9-6　成套电气柜

图9-7　电力电容补偿柜

在电路中，有有功功率和无功功率。有功功率是指电能直接转化为机械能、光能、热能的部分，是用户实际消耗掉的电能。无功功率是不对外做功部分，工厂大量使用电感性负载，就会产生无功功率。交流电通过线圈产生的交变磁场，由电生磁，再由磁生成电，无功功率由电网中来，又回到电网中，这部分电能没被消耗转换，所以叫无功功率。但它在电网中占用了容量，产生了线路损耗，所以供电公司要求用户必须进行无功补偿。

电力电容补偿柜的作用是平衡设备感性负载，提高功率因数，以提升供电设备的利用率。如图9-7所示，为了改善电网功率因数低带来的能源浪费和这些不利供电生产的因素，必须使电网功率因数得到有效的提高，所以一般工厂都会配置电力电容补偿柜，以补偿功率因数。

在这里，我们电工要做哪些工作?

电工工作内容非常广泛，这里只是把我接触的工作列出来，供大家参考。一般每日巡检是必不可少的。每日巡检时最好配置一个红外线额温枪，方便及时发现各个开关和汇流排温度异常升高，及时发现故障，避免造成意外停电事故。

- 每个月对用电量（电度数）做一个记录。作为电工，要对企业的基本用电量心里有数。
- 制定设备维护计划。一般就是定期打扫房间，定期停电吹飞尘。
- 停电送电的规范操作。

工作经验在于日积月累，把工作中遇到的问题记录下来，经常总结，慢慢地你就得到成长了，在这里，有两篇工作日志分享给大家。

高压合闸

早上去工地，停电了，过来一电工，打开箱式变电站的低压侧箱门看，好像在听有没有变压器嗡嗡声，看完走了。过了一会儿，来了一群电工，打开低压侧箱门看了看，都在注意听变压器，有人说变压器响着呢，有人说没响。打电话叫来刚才那位电工，那位电工来后，打开高压侧箱门，原来是高压开关跳了，取出合闸扳手，却怎么也扳不动，合不了闸。我看后对他说："你把接地刀先合一下，再分一下看看。"他说："接地刀分着呢，不用合。”我说：“也许是接地刀没分到位，你合一下再分，然后合电源，也许就合上了。为什么呢，因为接地刀和电源刀是互锁关系，如果接地刀分不到位，电源刀根本合不上。”他照我说的做了，果然合上闸了。

万能断路器的操作方法

在规范的工厂总配电室，一定有一个标准的配电柜，这个配电柜上有个总开关，叫万能断路器，如图9-8所示。我以前在工厂工作的时候操作过分闸按钮、合闸按钮，下面的两个写着“按下”一红一绿的按钮从未动过，也不懂“储能”“释能”什么意思，今天在工地看到配电柜厂家在安装配电柜，特地请教了一下他们操作的问题。

万能断路器就是一个总开关，这个开关可手动也可自动。合闸分闸就属于自动，按下合闸，由控制电路启动电动机构完成合闸，分闸也是如此。如果自动出现故障或在没通电时需要分闸合闸，就可以使用下面的手动功能完成分闸合闸。

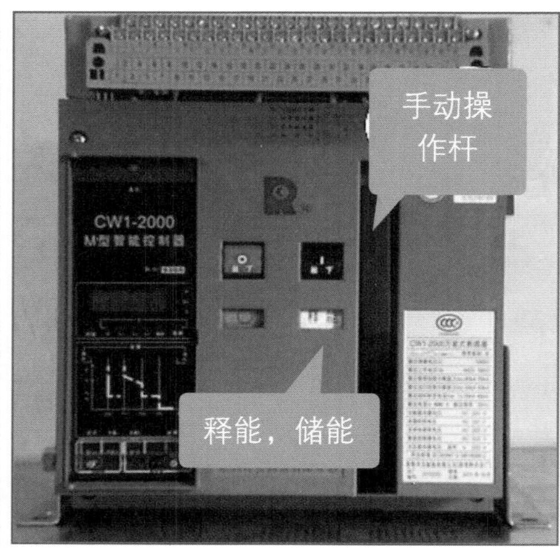

图9-8　万能断路器

手动操作在万能断路器上直接进行，万能断路器上有个手柄，抓住手柄往下压几下，有点像为弹簧机构压发条的感觉，压到“咔”的一声就是压好了，显示“储能”，然后按那个绿色的“按钮”，开关闭合，按红色的“按钮”，开关断开。这就是“储能”和“释能”的意思。

9.4 保护接零和保护接地

▶微信扫码◀
保护接零和保护接地

如果你问我，能不能在这本书里找出个重点，我要对你说，这一节一定是一个重点。零和地，是经常被人错误地或者简单地理解了的专用名词。

先说两个真实的事情。

一次回农村老家，正好碰到停电，看到我们当地电工正在维修变压器，就过去围观，我看到零线上包的电胶布都烤煳了，就说了句：“你那条零线是不是细了，电胶布都烤成那样了。”那电工白了我一眼说：“你知道个啥，零线是可有可无的东西，你信不信，我不用零线，随便插个铁丝在地上，灯泡照样亮。”他当然不知道我也是电工，我不好说什么，略显尴尬地离开。没过几天的一个晚上，零线烧断，很多电器被烧坏，我们家周围电压低到不能用。第二天早上，还是那个电工在维修，看到我了，又说：“哎，一些人总说零线不重要，你看这个零线重要不重要。”

还有一次，我和一位电工聊家庭线路规划，那位电工说：“家里的线路，最好用4平方（4平方指导线的横截面积是4平方毫米），如果要节约一点，就火线用4平方，零线用2.5平方。”我接了一句：“真要节约，那就零线4平方，火线用2.5平方，因为火线分组了，很多地方零线公用。”这个电工说：“你这人怎么这么愚笨，电流从火线经过负载到零线，电压已经降了，零线用那么大干啥。”

重点提示

单相用电，同一回路，火线和零线电流是一样的，交流电不是简单地由火线经负载流到零线，而是火线—负载—零线和电源构成回路，说通俗一点，电流既从火线流入负载经零线回到电源，也由零线流入负载，再经火线流回电源，电不是被负载消耗了，而是转换成其他形式的能量了，比如光能、热能、机械能等，能量是守恒的，不会消失。

我做电工很多年了，我看到的电工对待零线的态度绝对不是个别现象，所以说，学习电工，这一节很重要。

这一节的内容是保护接零和保护接地，我们不能简单地从字面上去理解保护接零和保护接地，不要以为保护接地和保护接零就是设备的保护方式，认为设备都有漏保了，要不要这些保护没有关系。这里有两个关键词，一个是系统，一个是方式。我们采用的是什么配电系统，是变压器安装好就决定了的，比如TN–S系统中，设备金属外壳会连接从配电系统来的NPE线，但是设备没有接保护线，并不能说不是TN–S系统，只能说这些设备没有采取TN–S保护方式，系统还是TN–S系统。

（1）零线

降压变压器一次侧是三相10kV电压接入变压器的三个初极绕组，虽然有多种连接方式，但都没有零线。低压侧一般采用星形连接，三个绕组的首端引出三相火线，尾端连接在一起，我们把连接点叫中性点，从中性点引出来一条线，把这条线叫中性线。把这条中性线和变压器的接地连接，使这条线和大地等电位，也就是说和大地之间的电压为0V，这时候我们才开始叫这条线为零线。也就是说，如果这条中性线不接地，是不可以说这是条零线的。如图9-9所示。

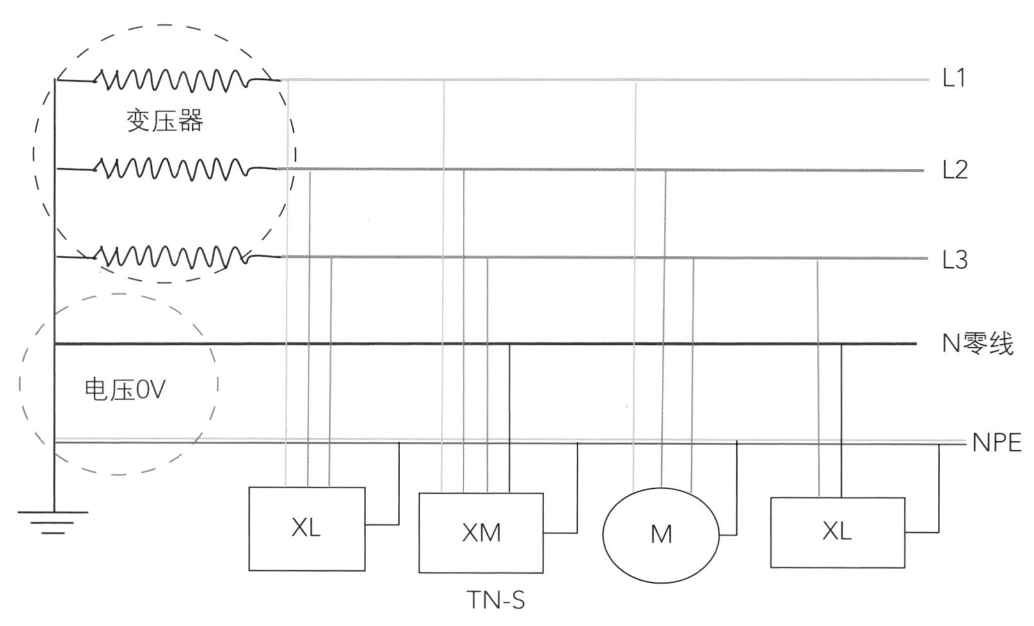

图9-9 零线怎么来的

（2）接地

电工学说的接地是一个非常严格的概念，不能挨着地接就算接地了。我看到好多人测量接地，用万用表一头杵地上或者墙上就算接地，还看到很多电热水器要求接地，一些人就在墙上打个钉子就算接地，这些接地毫无意义。

我参与过一个变压器配电室的建设，设立变压器配电，第一步就是打接地体，配电室多大，就要先挖一个相应尺寸的坑，在四周用50×50的角钢，每条2.5m，打入地下低于地面60cm，还要把这些角钢用扁钢焊接连起来，扁钢的宽度和焊接的长度都有规定，接地体如图9-10所示，最后还要用接地电阻表测量，要求接地电阻要小于4Ω才合格。

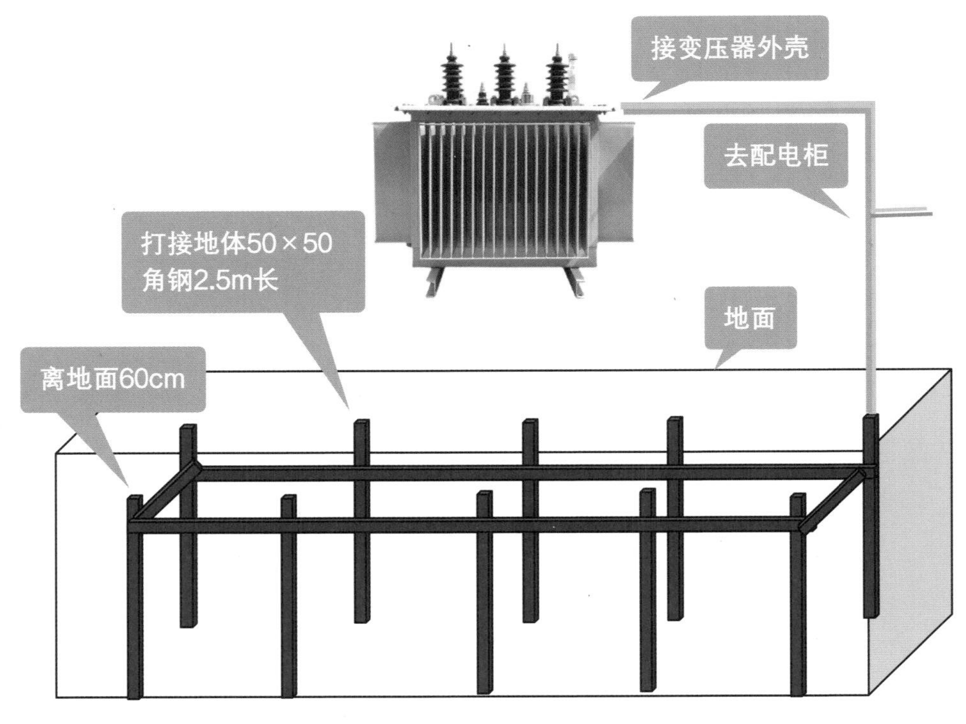

图9-10 配电系统的接地体

（3）保护接零和保护接地

把中性线接地，就有了零线，用N表示，再从接了零的接地体引出一条线，我们叫这条线保护零线，用NPE表示。把这条NPE引到千家万户，引到工厂接设备外壳，习惯上就叫它地线，实际上它是NPE线，叫保护接零线，作用就是保护接零。我们把这样的系统，称保护接零系统（TN-S系统）。

有没有工厂用保护接地呢？有，过去的工厂，变压器零线接地了，但没有从变压器直接引接地线到设备，而是在设备那里打接地体引接地线，这种就是保护接地（TT系统）。

请注意，我们理解保护接零和保护接地，电流不是流入大地了，而是把大地作为一条导线，经中性点和系统形成回路了。

每一个变压器组成一个系统，这个变压器系统回路上的电，流不进别的变压器系统，这个系统的电源就是变压器，和负载经过导线连接形成闭合回路，所以有变压器接地线或者零线断了，只会对它供电的系统出故障，不影响别处。

如果一个变压器系统的回路中又有变压器，如图9-10所示，后面的隔离变压器A和隔离变压器B是初级绕组和次级绕组完全分开的，那么这个变压器系统只与隔离变压器A和隔离变压器B的初级关联。图中虚线部分隔离变压器的次级（包括负载车床）和大变压器的系统就没有关联了，两个小隔离变压器彼此也互不关联，也就是说，后面隔离变压器的负载即使接地了，它的电流流不进前面变压器系统，就不会造成大变压器后面的漏电开关跳闸，这也是安装隔离变压器预防触电的原理。

如果图9-11中的漏电断路器因为漏电跳闸，只需要检测隔离变压器A和隔离变压器B的初级有没有接地即可，隔离变压器的次级和车床有没有接地都和这个漏电断路器跳闸没有关系。

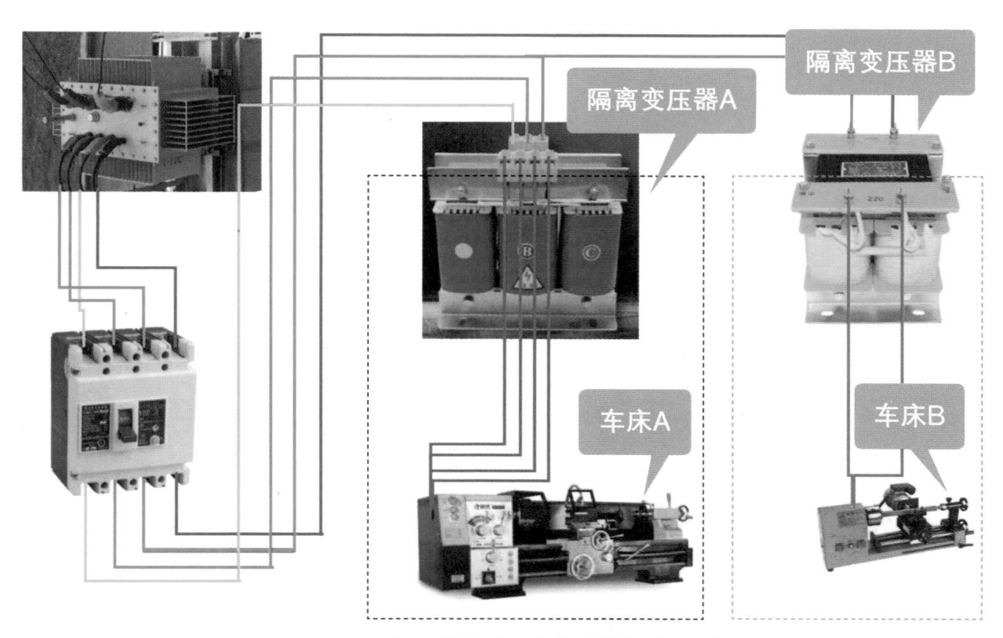

图9-11　变压器各自形成系统闭合回路

车床的控制变压器一般都是隔离变压器，如果这个车床的电源开关是漏电开关，查漏电只需要检测这个车床的主回路和控制变压器的初级有没有接地即可，而不用检测整个控制电路本身有没有接地。

怎样检测变压器是隔离变压器还是自耦变压器？只需要测量初级绕组和次级绕组有没有绝缘，如果完全绝缘，就是隔离变压器。

如果不能理解上面的内容，可以理解电焊机，为什么所有的电焊机次级都接地了，电焊机并不会因为次级接地而引起漏电跳闸，是一样的道理。

在这里，和大家分享几篇日志，是我对零线故障的分析。

日志 奇怪现象与中性点接地

一个电工朋友曾经遇到过这样一个问题，他是这样描述的：

我在广东干了十余年的工厂电工，前年冬天回家，偶然发现我家插座的两个孔用电笔测都是一样亮度，赶快把万用表拿出来测量，两孔之间仍是220V的电压，家里用电未见明显异常。我当时怎么都想不通是怎么回事。我们那里入户都没有接地线的，我家离变压器大概500多米。我找到混凝土柱子上露出来的钢筋引一根线出来算是地线吧。我在我家漏电开关上口接火线的位置引一条线出来，和钢筋上的地线接了一个灯，结果灯泡一下子就烧报废了，我一测电压为380V；我用开关上口的零线和钢筋上的地线去接灯，结果灯正常亮。也就是说，这个钢筋上接的地线和火线是380V，和零线是220V。这种现象持续了20多天，我发现用开关上口的零线和墙上钢筋做地线接灯使用，不经过漏电开关，只是电压稍低，估计电表不会转。有一天突然家里没电了，我又拿电笔去测，一切都恢复正常了，所以一零一地就不亮灯了。有一次我看到负责我们那里的电工喊着缴电费，我拦住问他说：“我家插座的两个孔电笔测都是亮的，到底怎么回事？”电工说，是有一家的水泵漏电，家里没人，才发现的，现在已处理好了。

水泵接地故障形成电场如图9-12所示，水泵坏了后，在水泵周围形成电场，这个电场对L1和L2的电压都是380V，对零线的电压为220V，所以接灯泡可以亮。

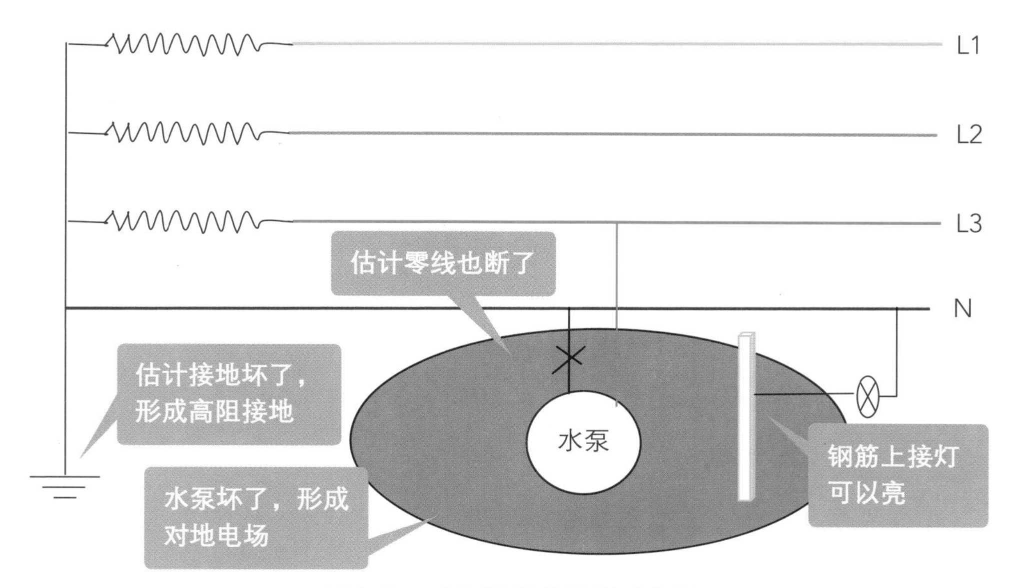

图9-12　水泵接地故障形成电场

下面是我的分析：

中性点不接地系统中，大地会和三相相线中其中一相形成电容关系，也就是相当于有一相接地，这种系统就会出现有一相对地0V，另外两相对地380V，N对地220V的现象。以前在网上看到一帖，作者说是他们厂是中性点不接地系统，零线带电发生事故，所以中性点不接地系统反而不如中性点接地系统安全。因为在中性点接地系统中，触电都是220V单相对地电压，而且零线对地无电压，而中性点不接地系统，触电就是380V电压对地，正常的零线对地电压是220V，所以中性点不接地系统更不安全，主要用于特殊场合。

由于上面例子中这种现象只出现20多天，而后又正常了，因此判断这家的供电系统并非中性点不接地系统，另外中性点不接地系统也被禁止作为民用供电系统，所以判断这家供电系统的中性点接地为不良接地，即高阻接地。因此当有电机漏电时，漏电电流无法通过中性点良好接地形成短路电流，所以电网电压正常，功率小的灯能亮，电机不漏电后，零线对地电压又正常为零。

我为什么做此推断呢？因为前几天我在工地做一个500kV·A箱式变电站，接地用6条2.5m50×50角钢打入地下，用20m40×4扁铁相连作接地，后来做高压测试，接地电阻为5.9Ω，检测为不合格。后来在基坑周围挖沟撒盐，才达到3.9Ω，因为规定要在4Ω以下。我当时就想，工地为三相五线制系统，三级配电，二级漏保，几百毫安的漏电就会使总漏保跳闸，接地为什么要这么严格呢？后来又一想，不对，从箱式变电站到一级配电没有漏保，万一一相接地，无法形成短路电流就不会使箱式变电站总闸跳闸，那样就会出事故，所以，规定变压器接地电阻小于4Ω是有很大意义的。

零线为什么带电

要回答这个问题，首先要知道什么是零线，零线是变压器二次侧中性点引出的线，与相线构成回路，对用电设备进行供电。通常情况下，在变压器二次侧中性点处的这条线被很好地接地，并从这里引出一条地线，这条地线叫保护零线。由于这条中性线接地，因此它和大地零电位，我们就叫这条中性线为零线。

严格地说，只有中性点接地的中性线才能叫零线，中性点不接地系统的中性线是不能叫零线的，当然，民用供配电系统也都是中性点接地系统。

那么，零线为什么“带”电呢？这里的“带”，是指显示有电，是指用仪表测试有电，手摸会被电。其实零线是构成回路的，本身就是带电的，因为正常情况下和大地零电位，才不显示电压，也因为正常情况下摸着不电人，才被人们忽略。

零线“带”电是不正常的。那么哪些情况下零线会“带”电呢？

第一，断零。

断零就是零线断了。家庭用电如果断零，会使断点之后的零线变成火线，电器不能使用，但对电器没有危害，只需要用电笔顺着线路检测，从

“带”电处查到不“带”电处，故障点就找到了。一般是开关有问题，更换即可。

如果断零是在入户以前，是一个单元的总零线，会产生很严重的后果，因为总零线断了之后，所有的单相用电电器会和另一相线路的电器串联形成380V的回路。在串联回路中，电器的功率大小决定所分到的电压大小，功率大的电阻小，电器承受的电压就小，反之功率小的承受的电压就大。比如，甲乙两家分别用电为AB两相，总零线断了之后，甲乙两家组成380V串联回路，甲有电器5kW，电路中只有2Ω的电阻（冰箱空调等负载是感性负载，电阻很小），乙家有电器2kW，电路中有20Ω的电阻，则甲分到的电压为380÷（2+20）×2=34.5V，乙分到的电压就是345.5V，甲家的灯微微发亮，冰箱空调开不起来，单独控制冰箱空调的开关会过流跳掉，而乙家就惨了，所有电器开一会儿就会烧掉。这就是为什么同样是零线“带”电，各家所受损失不一样的原因。

第二，零线过细或虚接。

在单相用电中，火线和零线的电流是相等的，如果零线虚接或过细，就会阻碍电流通过，零线就会“带”电。如果是单个家庭的零线虚接或过细，一般表现为线路发热，小负载正常，带不起大负载，零线所带电压一般几十伏，和火线之间低于220V，线路或接头发热的后果可能引起线路燃烧，在所有燃烧的线路中过载只占极少数，虚接占绝大多数。

如果是一个单元的配电箱总零线过细或虚接，也会使零线“带”电。在基本上都是单相用电的情况下，三相负载不可能平衡，负载不平衡正常，只有在零线虚接或过细时，零线才会“带”电，这在电学上叫“零点漂移”，这时零线对地会有几十伏到一百多伏的电压，会造成三相电压中，各相电压一部分低于220V，一部分高于220V，这种故障是逐渐出现的，刚开始只是零线轻微“带”电，后来越来越严重，最终导致断零的严重后果。

第三，地线断。

地线在总配电处是和零线连在一起的，所以和零线是零电位，按要求每隔20～30m需要做重复接地，如果接地线合格，则始终和零线为零电位。在一个配电系统中，即使没有任何漏电，地线也有电流存在，就是通常说的感应电。电脑等电器没有地线，机壳会带电就是明显的例子。地线断了之后，所有接了地线的金属导体都会带电，所以正规的配电系统的地线都会被多次重复接地，以有效避免这种情况的发生。发生地线带电的，都是一些不合格的配电系统。

有时候我们用电笔测量，发现火线有电，零线有电，地线没有电，用万用表测量，三相火线和零线都是220V正常，所有电器正常使用，但零线就是有电，零线对地线甚至有220V，其实这种情况是地线有电，零线是正常的。那么地线断了为什么零线显示有电？因为所有的配电箱外壳都接了地线，配电箱外壳有电后，如果周围环境干燥，会在配电箱周围形成一个等电位电场，人站在这个电场上测量地线、火线和零线，会测得零线有电而地线没有电。这是一种假象，打个比方，正常情况下站在地上测零线没有电压，但人如果站在火线上测零线，会测到零线有电，其实是火线有电，站在火线上测火线也是不显示有电。同样的道理，人站在带电的电场上测零线有电，测地线就没有电，如果能确定零线是正常的，就可以肯定是地线“带”电了。

总之，零线带电是不正常的现象，必须要有专业电工查找原因，要避免发生严重后果。

日志 一个有意思的热水器故障

前几天，处理了一个故障，我觉得很有意思。

有个顾客让我帮他查一下电热水器的故障。他说：“电热水器，烧开水的那种，你会不会修。”我说：“不就电热水器嘛，没有我修不好的。”我很自信地就去了。

到了一看，是一般商用的那种大功率电热水器，功率大概6kW。老板过来跟我说，他以前就是做电工的，这房间的电都是他自己安装的，这个故障他实在查不出，所以让我看看。

我先打开电源，结果热水器的电源箱像蜂鸣器一样响起来。我检查了控制线路，一切正常，查电源，220V正常，怀疑接触器坏了，就把负载拆了，打开电源，接触器正常吸合，接上负载，再开电源，接触器又像蜂鸣器一样响起来。接触器应该没有问题，问题可能出在电源上，我测量电源电压，是220V。

分析故障原因，单相使用6kW功率时电流会很大，容易发生开关触点接触电阻增大问题，导致接触器吸合时产生电压降，使接触器线圈达不到工作电压，而出现故障。我怀疑热水器的电源开关有问题，但还不能完全肯定。我把经过开关的两条线分别直接接上，故障现象依然存在，应该不是开关的问题。我就顺开关往前查，这个热水器接线如图9-13所示，电源的火线是接在一组3相6平方线中的一根上，而这组线是从总开关处直接接过来的，是空压机专线，而且空压机运转正常，搭接也很“结实”（不能说好，因为不专业，只能说结实），到总开关处检查，没有问题，所以问题肯定出在零线上。检查零线，但又没法查，因为接线太不符合安全规范了，零线藏于天花板上面，也没有固定在线槽内，所有需要零线的地方都就近搭接，到此，故障原因完全清楚。

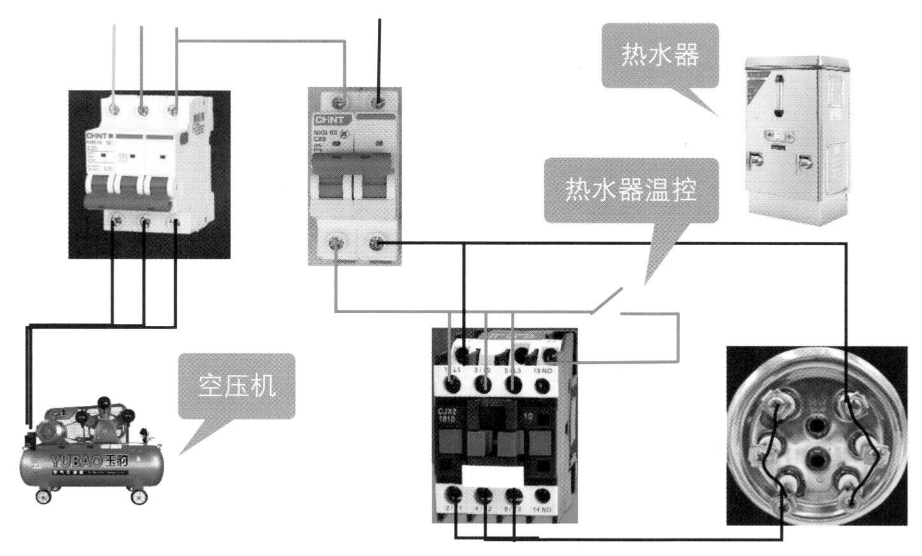

图9-13 这个热水器的接线图

我对老板说，故障检查出来了，是零线搭接太多，零线太细，热水器功率太大。由于是单相用电，在接触器吸合时火线和零线分别都有30A的电流，产生的电压降使接触器线圈不够工作电压，造成接触器有故障的假象，可以肯定热水器本身没有任何问题，只要改善线路，问题就解决了。

老板问："那为什么以前又用得好好的呢？"我说："有三种可能，一是零线反复搭接，接触点的接触电阻逐渐增大；二是，你最近的零线负荷又加大了一点，超过了它的负载能力；三是可能原来三相用电比较平衡，零线电流小，最近用电器多了，三相不平衡，零线电流就大了。"老板说："要不你直接从总开关处拉一条零线过来接热水器上，如果热水器正常就算你修好了，其他的事我自己来解决。"

我把临时线接好，开机后，一切正常，我对老板说：我的分析是科学的，结论是正确的，你这里的线路不规范，最好进行一下改造，要不会有安全隐患的。

这个故障有意思在于，开始认为有故障的地方，结果都没有故障，如果不具备一定的电工理论基础知识，还真查不出这个故障。

9.5 三相五线制

TN-S系统的中文表达方式就是三相五线制，这基本上是我们国家目前主要的供配电方式，几乎所有新建小区、工厂都是这种供配电方式。施工工地的临时供电往往被要求必须是三相五线制。

三相五线制如图9-14所示，三相电线颜色为黄、绿、红，分别用字母A、B、C表示，蓝色为零线，用N表示，黄绿相间的为接地线，用PE表示。按规定，任何时候不能用黄绿相间的双色线作为电源线的相线使用。

什么是380V电压？就是两条火线之间的电压，即AB、AC、BC之间电压都为380V，称为线电压。同样，220V就是每一相火线和零线之间的电压，即

AN，BN，CN之间的电压都为220V，称为相电压。线电压是相电压的$\sqrt{3}$倍。

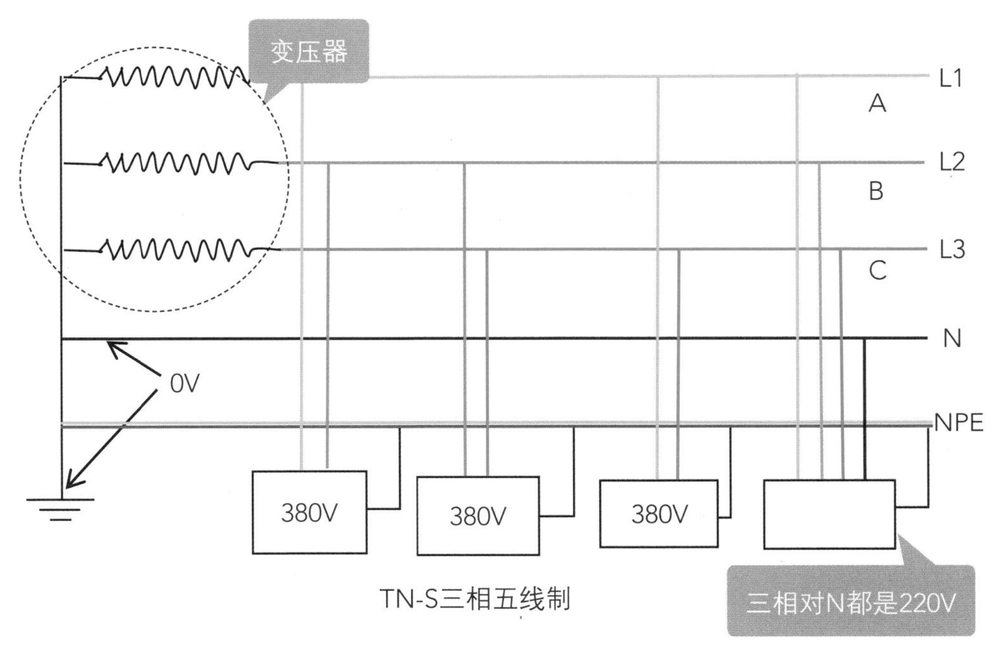

图9-14 三相五线制

实际测量电压可能有出入，按规定，只要电压误差不超过±10%都为正常，我们还是习惯叫它380V，220V。

在这里，分享几篇工作日志给大家。

调整不标准的设备配线

通常，设备电源线是5芯电缆，配线是三火一零一地；若设备是四芯电缆，配线必定是三火一地，才符合标准。

但我曾经就遇到一台非标设备，配线不是按标准来配置电源线的。

那次去维修一台UV机，如图9-15所示，设备本来正常使用，由于改生产线，移动了位置，电工重新接地线，使用了10min，两只UV灯就不亮了，调速小电机和风机还正常，小电工修不好，让我去看看。

过去检查，先开机，抽风电机和调速电机都正常；查电路，发现控制UV

图9-15 隧道式烘烤线

灯的两接触器烧了，拆下看是220V线圈，让老板去买两个；去买的间隙，我检查为什么两接触器会烧坏，我发现UV灯是二相380V的，而风机、调速电机、接触器线圈等控制电路都是220V的，但用万用表一量，控制电路变成380V了。仔细一看，原来这台设备的配线是按二火一零一地配线，而之前的电工在移动设备接线时，一看是四芯线，就接了个三火一零，所以就烧了两接触器，要是再多开一会儿，会连风机和小电机一块儿烧掉。

这件事告诉我们，接设备电源线要细心，一定要拆开配电箱检查是怎么配置供电线路的。

日志 虽然问题解决了，但百思不得其解

昨天接到一个维修任务，一个家具厂说线路可能有问题，最近烧了几台风扇，问我们能不能维修线路。

图9-16 油漆车间的配电箱和车间总配电箱

油漆车间配电箱和车间总配电箱如图9-16所示，打开这个配电箱，发现总开关已经坏了，不能正常断开，测量总开关上下口电压，三相对零电压都是正常的

220V，三相间都是正常的380V。

然后来到油漆车间，检查这个配电箱，测量三相之间电压正常，三相对零电压不正常，有两相对零为380V，一相对零为0V，整个配电箱不能启动。

根据多年的经验，这种情况一般的故障原因都是断零，所以就顺着故障线路往前查。因为所有线都是铝线，而且这个厂建成才一年多，如果线路烧断，那接头一定有高温的痕迹。但检查发现所有接头都不像经过高温的样子，把怀疑的几个接头都重新接了，也还是没有找到断零的地方。

后来就顺着线路一直查到总开关那里，才发现不是断零。原来，通到油漆车间配电箱的线就是火线，是做油漆车间的厂家看到只有一条绿色线，就认为那是一条零线，把火线当成了零线。

原因是老板要求车间的所有单相用电可以单独开关，所以给他安装的电工就走了三相火线，另外又走了一组火零线，关键单独这一路零线又是主零线，而且火线是绿色，零线是红色，车间的架空线路如图9-17所示，安装的电工和老板应该都不懂电，所以主零还过了开关。而做油漆车间的师傅按颜色去判断，所以把绿色认为是零线，就接到配电箱里了。

找到原因，把零线剪断重新接到主零线上，通电，设备马上就全部运行起来了，这个配电箱里面居然一个电器都没有被烧。

那么问题来了，控制电路是220V，零线接错，不能运行比较好解释，因为零线和火线同相，那么，用了一年多，是最近一个月才经常出问题，那怎么解释？因为零线是火线，控制电路要么是0V，要么是380V，怎么都不可能正常使用，百思不得其

图9-17 车间的架空线路

解啊。

今天把这个总开关换了，如图9-18所示，和老板说起心中的疑惑，怎么也想不通，为什么零线接错了，还能够用一年多才发现有问题，以前为什么可以用？

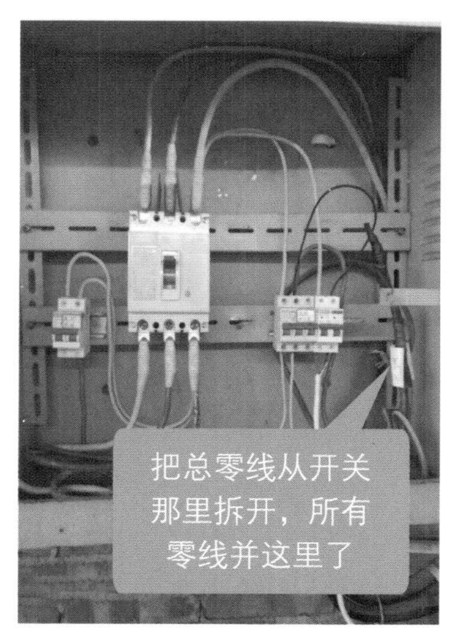

图9-18　重新整理后的总配电箱

我有一个习惯，所有电路故障的发生一定是有原因的，处理完成一定要分析出发生这个故障的原因。在处理这个故障的时候，我问过老板，总配电箱是不是有人动过，老板说绝对没有人动过，所以当时对为什么发生这个故障百思不得其解。这个疑问一直存在心中，后来分析，一定是有人在更换总配电箱里面照明总开关时把火零线接反了，而且这个油漆车间经常不使用，所以照明线路零火接反并不影响什么，也就没有及时发现问题。为什么得出这个结论？因为这个小厂没有懂电的技术人员，但是，喷漆设备的师傅不可能把线接错，人家要试机，不正常怎么可能交工，还正常用了一年多。也就是说，那组照明线路，红色本来就是火线，绿色就是零线，是有人在换开关的时候把线接错导致故障发生了，只有这样解释，出现故障才合乎情理。

低压配电接地系统

根据现行的国家标准《低压配电设计规范（GB50054）》的定义，将低压配电系统分为三种，即TN、TT、IT三种形式。

第一位字母表示电力（电源）系统对地关系，其中：

I表示电力系统所有带电部分与地绝缘或一点经阻抗接地；

T则表示电力系统一点（通常是中性点）直接接地。

第二位字母表示用电装置外露的金属部分对地的关系，其中：

T表示电气装置的外露可导电部分直接接地（与电力系统的任何接地点无关）；

N表示电气装置的外露可导电部分通过保护线与电力系统的中性点联结。

所以：

TN系统表示电源变压器中性点接地，设备外露部分与中性线相连；

TT系统表示电源变压器中性点接地，电气设备外壳采用保护接地；

IT系统表示电源变压器中性点不接地或通过高阻抗接地，而电气设备外壳采用保护接地。

（1）TT系统

将电气设备的金属外壳直接接地的保护系统称为保护接地系统，也称TT系统。在TT系统中，负载的所有接地均称为保护接地。TT系统如图9-19所示。

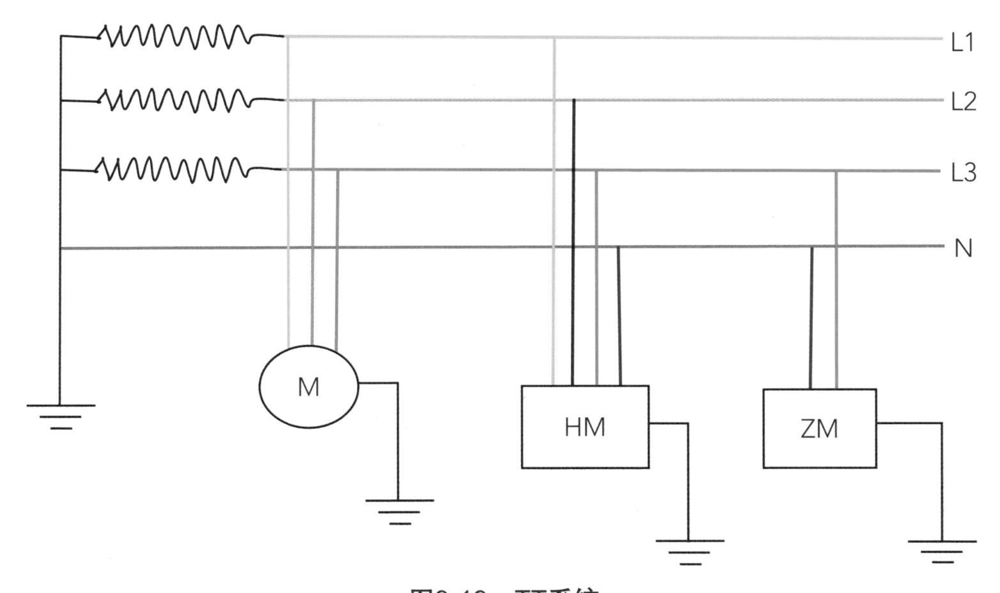

图9-19　TT系统

TT系统的特点：

① 当电气设备的金属外壳带电（电源线碰壳或设备绝缘损坏而漏电）时，由于有接地保护，可以大大减少触电的危险性。但是，低压断路器（自动开关）不一定能跳闸，这会造成漏电设备的外壳对地有危险电压。

② 当漏电电流比较小时，即使有熔断器也不一定能熔断，所以还需要漏电保护器作保护，因此TT系统现在基本上不再推广。

（2）TN系统

将电气设备的金属外壳与工作零线相接的保护系统，称作接零保护系统，用TN表示。TN系统有如下特点：一旦设备出现外壳带电，接零保护系统能将漏电电流上升为短路电流，这个电流很大，实际上就是单相对地短路故障，熔断器的熔丝会熔断，低压断路器的脱扣器会立即动作而跳闸，使故障设备断电，从而达到安全目的。另外，TN系统节省材料、工时，应用广泛。

TN系统中，根据其保护零线是否与工作零线分开又分为TN-C系统、TN-S系统和TN-C-S系统。

① TN-C系统是用工作零线兼作接零保护线，可以称作保护中性线，用NPE表示。TN-C系统如图9-20所示。

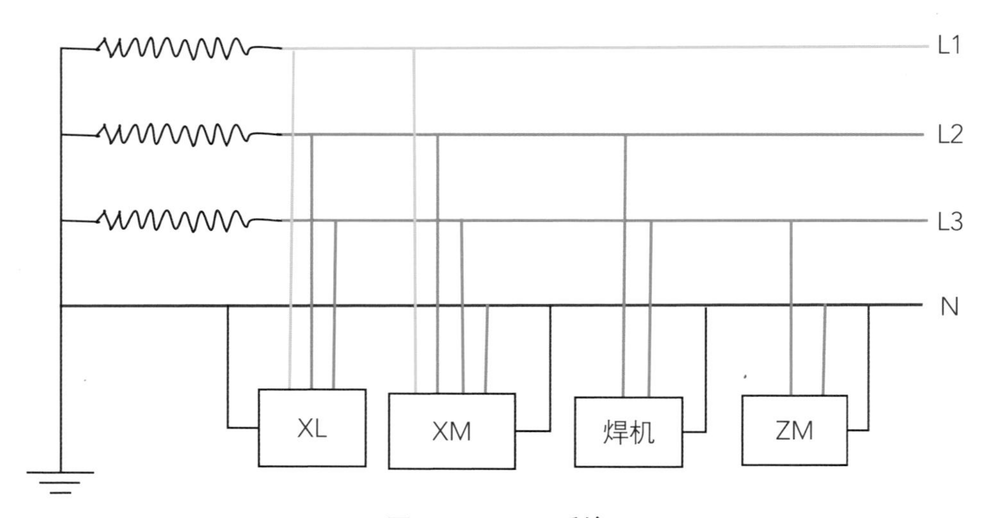

图9-20　TN-C系统

由于三相负载通常很难平衡，工作零线会有不平衡电流，对地有电压，所以与保护线连接的电气设备金属外壳有一定的电压。如果工作零线断线，则保护接零的漏电设备外壳带电。现在还在使用的TN–C系统大都是一些老旧配电系统，而且TN–C系统只适用于三相负载基本平衡情况。

② 把工作零线N和专用保护线PE严格分开的供电系统称作TN–S供电系统。TN–S系统如图9-21所示。

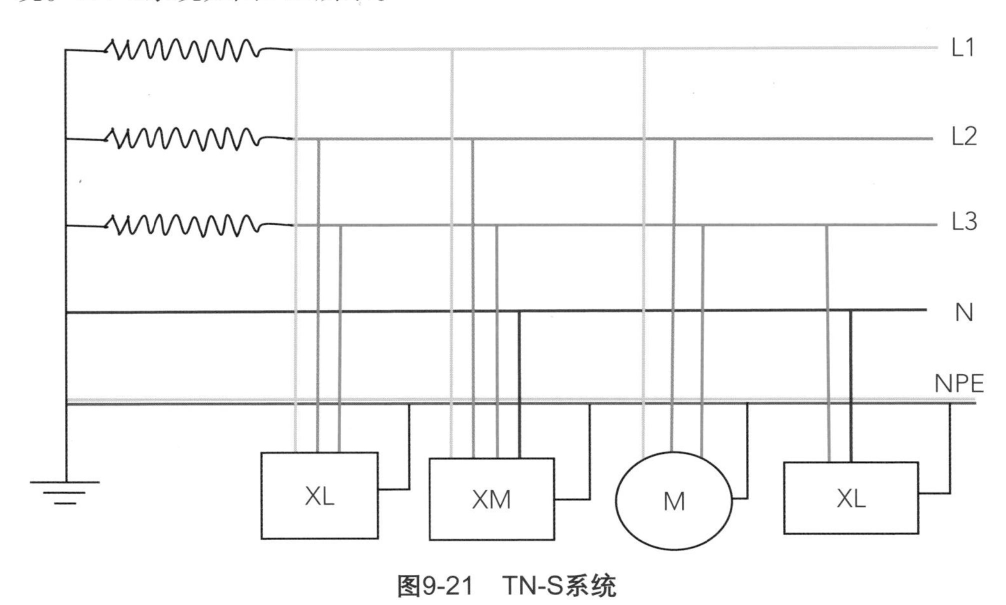

图9-21　TN-S系统

TN–S系统有如下特点。

a. 系统正常运行时，专用保护线有很少的电流（主要是感应电流和分布电容形成的电流），工作零线上有不平衡电流。PE线对地没有电压，所以电气设备金属外壳接零保护接在专用的保护线PE上，安全可靠。

b. 专用保护线PE不许断线，也不许进入漏电开关。

c. 使用漏电保护器以后的工作零线不得接地，而PE线有重复接地，但是不经过漏电保护器。

d. TN–S系统供电安全可靠，适用于工业与民用建筑等低压供电系统。民用系统必须采用TN–S方式供电系统。

③ TN–C–S系统。在建筑施工临时供电中，如果前部分是TN–C方式供电，而施工规范规定施工现场必须采用TN–S方式供电系统，则可以在系统后面部分现场总配电箱分出PE线，如图9-22、图9-23所示，这种系统称为TN-C–S供电系统。

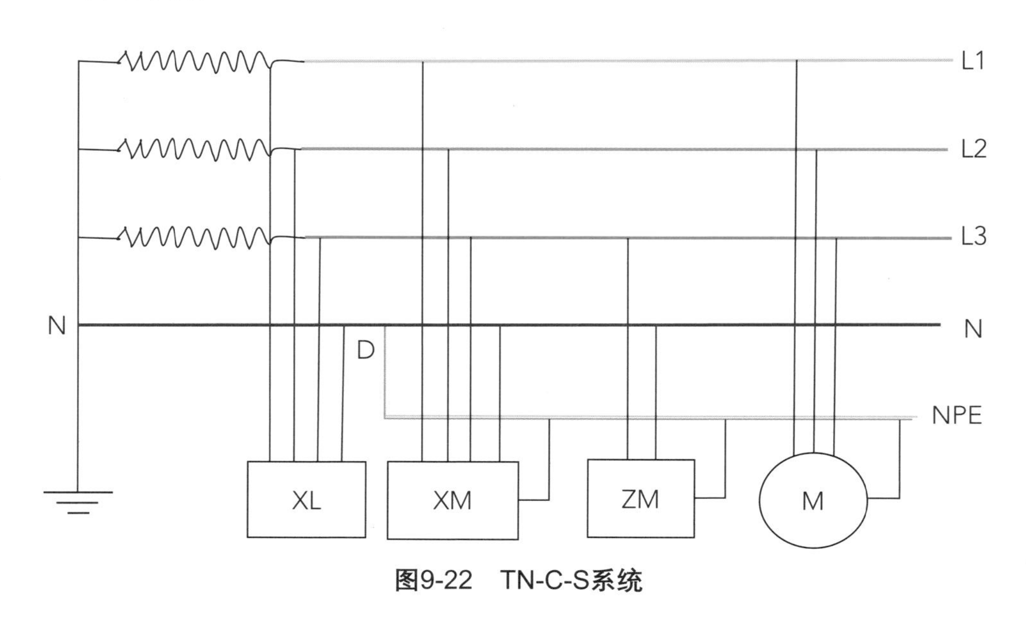

图9-22 TN-C-S系统

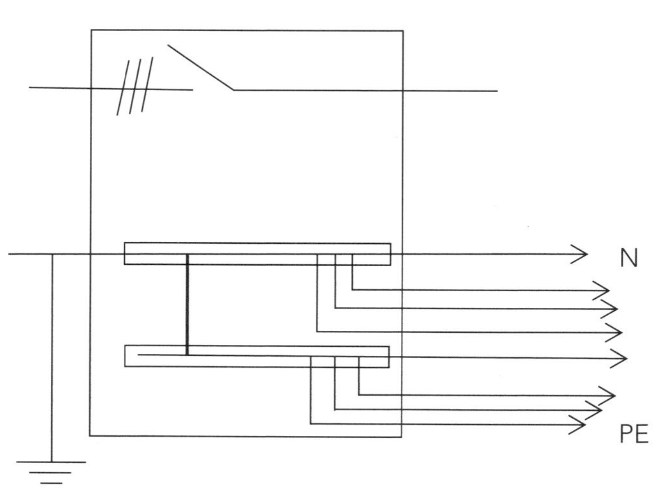

图9-23 工地总配电箱分出PE线

TN-C-S系统有如下特点：工作零线N与专用保护线PE相联通，如图9-22所示，当ND这段线路不平衡电流比较大时，电气设备的接零保护受到零线电位的影响。D点至后面PE线上没有电流，即该段导线上没有电压降，因此，TN-C-S系统可以降低电动机外壳对地的电压，然而又不能完全消除这个电压，这个电压的大小取决于ND段线的负载不平衡的情况及ND这段线路的长度。负载越不平衡，ND段线又很长时，设备外壳对地电压偏移就越大。所以要求负载不平衡电流不能太大，而且在PE线上应作重复接地，工地总配电箱分出PE线如图9-23所示。

（3）IT系统

IT系统的字母I表示电源侧没有工作接地，或经过高阻抗接地；字母T表示负载侧电气设备进行接地保护，如图9-24所示。IT系统在供电距离不是很长时，供电的可靠性高、安全性好，一般用于不允许停电的场所，或者是要求严格连续供电的场所，例如电力炼钢、大医院的手术室、地下矿井等。运用IT方式供电系统，即使电源中性点不接地，一旦设备漏电，单相对地漏电流仍小，不会破坏电源电压的平衡，所以比电源中性点接地的系统更安全。但是，如果供电距离很长时，供电线路对大地的分布电容就不能忽视了。

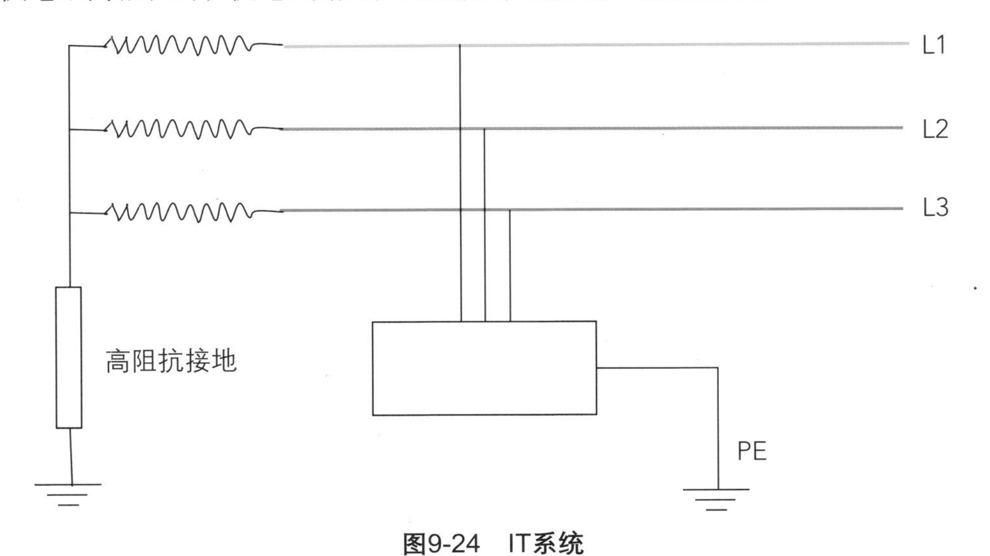

图9-24 IT系统

9.6 三级配电

三级配电即总配、分配、开关箱三级，三级配电是逐级保护的。

为什么要三级配电？请想象一下，如果每一个家庭，或者每一台设备用电都要到总配电那里去接线，那么总配电得乱成什么样子，一台设备出故障，影响范围有多宽。

三级配电是一个相对的概念，以一个小区为例，从变压器出来，第一级配电就是总配电，如图9-25所示；从总配电分配到各单元楼，单元楼配电箱为二级配电，如图9-26所示；从各单元楼分配到每一个家庭，家庭的开关箱为三级配电。

图9-25　一级配电

一个开发区内如果有很多小厂，那么这个开发区会有一个总配电，会给一些用电不是很大的小厂分配一组线路，这个小厂也应该以这个线路来组成一个独立的三级配电，即总电源处设一级配电箱，再根据各区域用电情况分配二级配电箱，再给每一台设

图9-26　单元楼二级配电箱

备配置开关箱，做到标准的一机一闸。

工作到了这一步，电能表的基础知识是需要掌握的。

电能表（又称电度表、电表）是用来测量某一段时间内发电机的电能或用户消耗电能的电工仪表。它不仅能反映出功率的大小，还能反映出电能随时间增长积累的总和。图9-27是电度表的安装接线图。

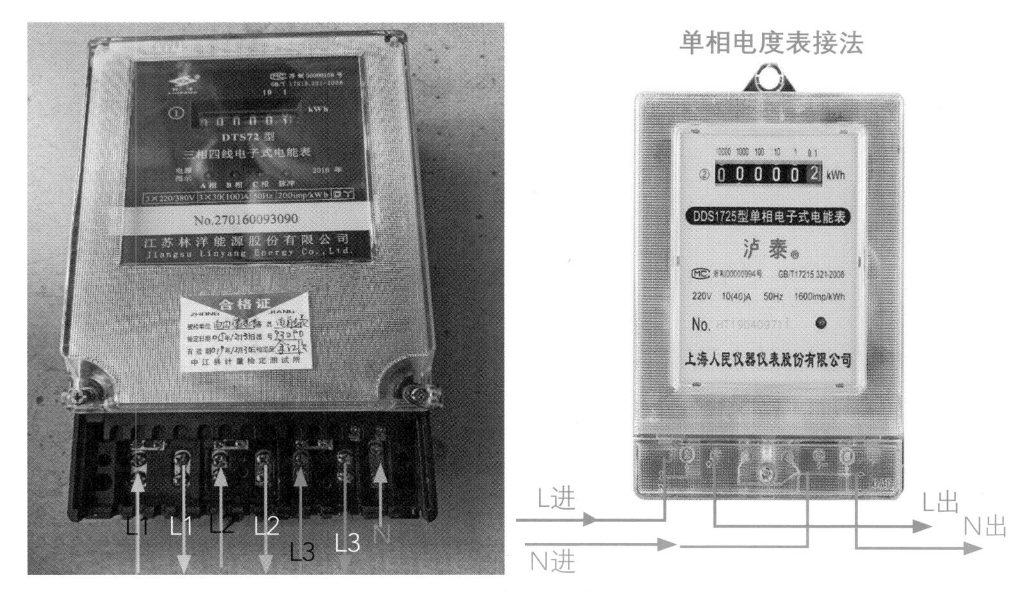

图9-27 电能表接线图

电能表的使用注意事项如下：

① 正确选择电能表的额定电压、额定电流和精度。

② 电能表接线应遵循电流线圈与被测电路串联，电压线圈与被测电路并联的原则，且电源端钮必须接电源一方。由于各种电能表的接线桩头排列是不同的，所以接线时应严格按照盒盖背面的接线图进行连接。电能表接线完毕，在通电前，应由供电部门把接线座盖加铅封，用户不得擅自打开。

③ 电能表在使用过程中，电路上不允许经常短路或负载超过额定值的125%。

④ 当电能表的电流线路中无电流，而加于电压线路的电压为额定值的

80%～110%时，电能表的转盘转动不应超过一整转，否则电能表为不合格，应禁止使用。

⑤ 正确读取并计算电能表的实际耗电量。

在这里，分享三篇工作日志给大家：

处理电表反转故障

今天上午，到一兄弟单位去帮忙：在一个工地的二级配电箱里，电表一直不转，让我看看是什么情况。

我打开配电箱观察，电表是互感器式的，测量表上的三个三相电压端子，正常，再断电清理互感器的对应配线，发现A相的互感器接在B相，B相又接在A相，C相正确。接表的人告诉我，当初这个配电箱是新买的，最开始是反转，用了两个月发现电表仅倒着走了0.5个读数，倒了几次相后表好像正转了，但一直未走读数。又买了块新表装上，结果快一个月了，数字才走了0.3，他说当时接好看见表在转，要不为啥走了一点呢。

我想，因为A相和B相接错，C相正确，所以当遇到C相单相用电时电表会走一点，A相和B相用电就不走，我把接错的互感器配线改过来，通电观察，结果电表转是转了，但是反转的，我想可能是相序反了，只要把其中两相连同互感器的配线一起倒一下，可能就正转了。我倒了一下，结果还是反转，我以为倒错了，又倒了一下，结果还是反转。我把三相顺序的每一种方式都写下来，有ABC、ACB、BAC、BCA、CAB、CBA共六种方式，全都倒了一遍，结果无一例外，全部反转。

看来不是倒相序的问题，还有什么办法呢？我突然想到，把互感器的S1和S2对调一下呢？于是我同时把三个互感器的S1和S2对调一下，果然，电表正转，终于找到问题了。互感器式电表安装接线图如图9-28所示。

事后我上网查了一下，这种互感器式的电表反转，既有可能是相序接反的原因，还有可能是互感器的穿芯方向穿反，最后就是互感器的S1端和S2端对调。看来，只有遇得多，见得多，才能了解得多呀！

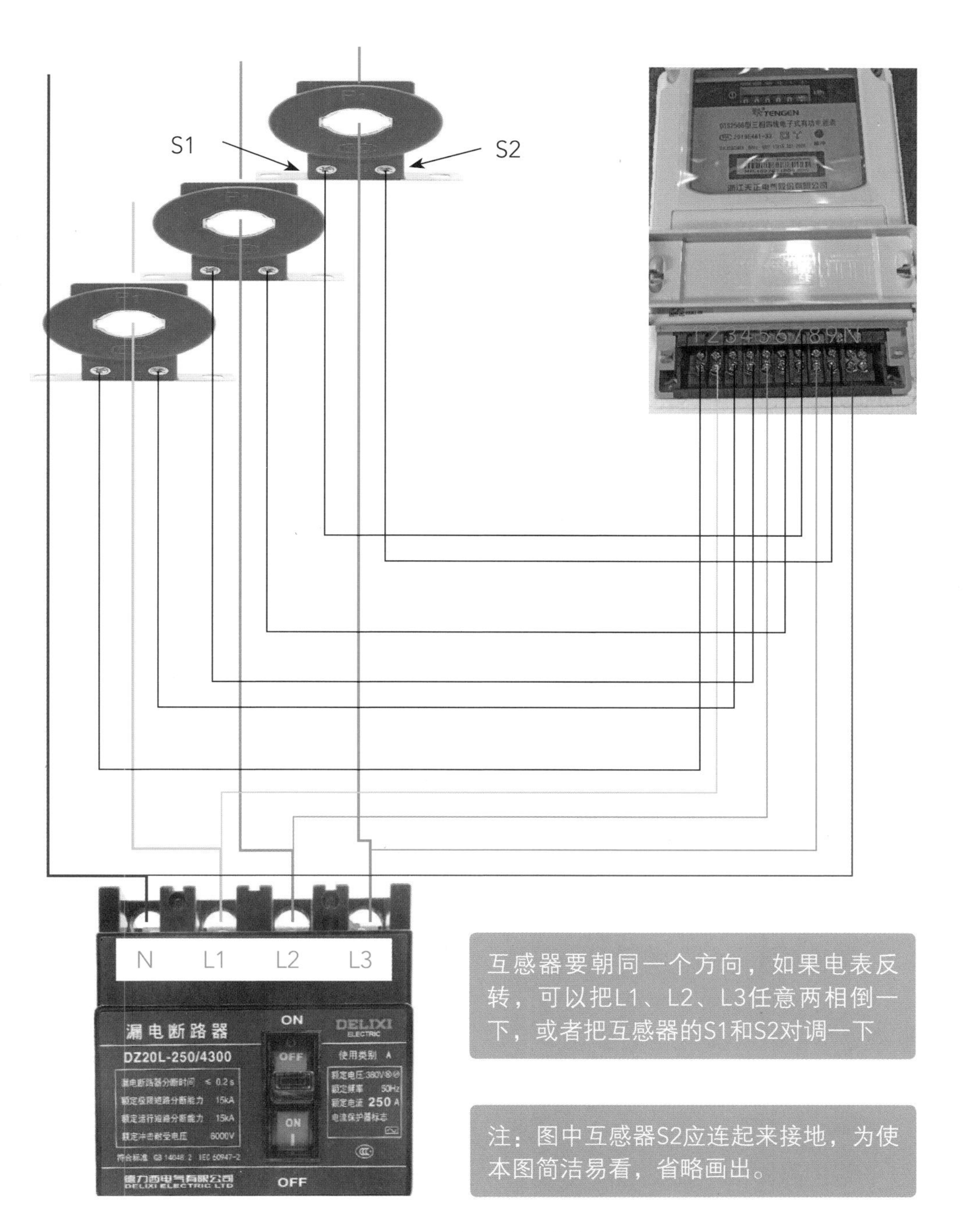

图9-28　互感器式电度表安装接线图

重点提示

安装互感器要朝同一个方向，如果电表反转，可以把L1、L2、L3任意两相倒一下，倒相后，用一个单相电动工具把每一相都接上负载试试，要保证每一相正转。如果反转，再把互感器的S1和S2对调一下。

又一例电表反转故障

昨天又遇到一例电表反转故障，不过这个案例比较简单。这是一个朋友的施工队，电表反转，他的电工修不了，让我去看看。

我首先断电，用万用表测量，发现电表上三个电压端口AU、BU、CU对应的三组互感器全是错的，即AU对应B相互感器，BU对应C相互感器，CU对应A相互感器，我拆下三条取样电压线，和互感器一一对应，通电，电表正转，正常了。

食堂蒸饭柜的维修

今天，食堂师傅说蒸饭柜坏了，让我去看看。

食堂师傅说，以前蒸饭很快，就今天一下子慢了。蒸饭柜电路如图9-29所示，首先看是不是发热管坏了，我用万用表测量了空气开关下口，三条线之间都有30Ω的电阻，加之几级漏保都没有跳，证明发热管是好的。看来很可能是空气开关坏了，我推上空气开关，测空气开关下口电压，AB为370V，AC为200V，BC为200V，测量上口电压都是370V，由此判断空气开关坏了。正好有个空闲配电柜上有一些空气开关，我拆下一只60A的，是那种塑料外壳式断路器，空气开关很旧，拆开清理灰尘，内部却很新。装上去接线却出了问题，有一个螺丝压不紧，用多大的力气都压不紧。拆又拆不下来，只好把整个开关拆下来，又重新找了一个开关，由于厨房空间拥挤，断电操作光线又暗，好不容易拆下来，把换来的空气开关装上，结果发现又把开关装倒了，因为装来装去太麻烦，食堂师傅说算了，将就用，但我还是坚持重新装，结果拆开关时又有一个螺丝拧不动了。怎么办，螺丝拧不紧肯定不行，难道要再换一个开关，我突然想到，可不可以给螺丝上点油，然后拧着转两圈。我试着点了点油，果然，转了两圈轻松拧下螺丝，换了个螺丝，重新装好开关，送电，好了，蒸饭柜正常了。

以前也有开关的螺丝被拧坏后，螺丝拆不下来的情况，任何开关，只要螺丝压不紧，这个开关基本上就报废，如果开关不报废，由接触不良引起的后果往往非常严重。机器上螺丝卸不下来点油是常事，但在电器开关上点油却没有先例，从来没有想到可以加点油去拧下来。正好手边放着一个160A的漏电保护器，还是个全新的，就因为有个螺丝拧不下来就放下了，赶紧找来上油，果然拧下来了，就是螺丝已经坏了，哎！这么简单，为什么早没有想到呢！

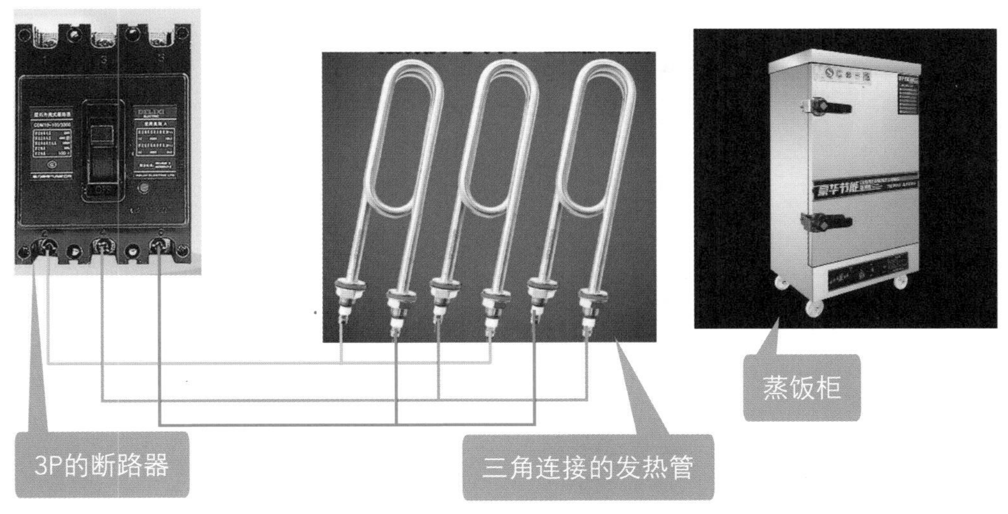

图9-29 蒸饭柜电路

第10章 电气安全

10.1 触电原理

有一次，我在给一个新来的徒弟讲带电操作的规范，他接话很快："220V，没事，我经常被电，电多了就不怕了，380V就厉害一点点。"我对他说："你要有这种思维，趁早改行，不要做电工，这种思维非常危险。但是，不管你今后要不要做电工，我都要给你上一课，让你知道你为什么触电很多次，都没有造成严重的后果，因为即便你今后不做电工，但是你免不了要跟电打交道，所以今天这一课，我必须给你好好上一上，让你从今往后再不要干那种无知者无畏的傻事了。"

为什么有的人触电没事，有的人后果很严重呢？那是因为，是否造成伤害，和流过身体的电流大小有关系，流过身体的电流大小又和很多因素有关，比如电压高低、带电性质、环境因素、空气湿度、衣服材质、个人体质等。

（1）电压高低

在专业领域，1kV以上被称为高压，有高压电时，所有被称为绝缘体的东西都不一定可靠，只有和高压保持距离才能安全。在民用领域，一般情况下，50V以上称为高压，50V以下相对安全，但极端环境下，要求12V以下才是安全电压。请注意：没有绝对的安全电压。

（2）带电体性质

带电体性质包括工频交流电源（家用220V和工业380V）、高频电源（多见于机床）、负载性质、电容性质、有逆变直流、普通直流电。

如果人体接触部分是交流电源类性质，就意味着这个电流瞬间有达到几百甚至上千安的可能，人体要是通过了这么大的电流，绝无生存的可能。如果触电部分经过了负载，这个电流就会被负载限定在一个范围，流过身体的电流相对会小很多。有很多线路有电容存在，在线路有工作和没有工作的时候都会引起触电，包括感应电，这个电流大小和电容量有关系。

（3）环境因素和空气湿度

电工学上有一个绝缘体概念，绝缘体的绝缘程度和环境因素有关，干燥的陶瓷、塑料、木板、化纤、玻璃都是很好的绝缘体，但是这些材料一旦受潮或者脏污，绝缘值就下降，就可能成为导电体。

（4）穿戴

我们穿戴的衣服和鞋子，化纤和橡胶比棉布和皮质绝缘要好，但干燥洁净和潮湿脏污的时候绝缘值差别很大。

（5）身体体质

每个人身体体质不一样，身体各个部位导电系数也不一样，这就是通常说的人体绝缘值不一样，人体的绝缘值不是固定的，环境干燥和潮湿对绝缘值影响很大。

大多数触电是由于电源通过人体和大地形成回路，电流流过身体的大小，决定了触电伤害程度。根据欧姆定律，电压越高，流过身体的电流就越大；电阻值越大，流过身体的电流就越小。正常情况下，人站的干燥地方以及衣服、鞋子都不是很好的导体，所以流过人体的电流都不是很大。但是人触电并造成伤害并不需要很大的电流。通过实验，很多人在10mA以下就有触电的感觉，30mA以下的电流被称为可以摆脱的触电电流，所以漏电开关一般都是按30mA设计保护，在要求高的环境，漏电开关是按10mA设计保护的。

> 综合上面的所有因素，电工因为懂这些原理，所以很多时候可以根据规范进行带电操作，普通人千万不要模仿，今天你摸了带电的金属部位，也许你所处的环境正好是相对绝缘的环境，可能流过身体的电流就会很小，你没有感觉，你可能就认为这个电压没有危险，但其实不是这个电压没有危险，是你正好处在一个没有危险的环境，如果你失去了警惕性，最终很可能会造成伤害。

任何时候，都必须保持对电的敬畏之心，不具备操作条件的维修，一律不做。

10.2 电气操作规程

一般规定

① 电工属于特种作业人员，必须经当地劳动部门统一考试合格后，核发全国统一的“特种作业人员操作证”，方准上岗作业，并定期[两年（老版）/三年（新版）]复审一次。

② 电工作业必须两人同时作业，一人作业，一人监护。

③ 在全部停电或部分停电的电气线路（设备）上工作时，必须将设备（线路）断开电源，并对可能送电的部分及设备（线路），采取防止突然串电的措施，必要时应作短路线保护。

④ 检修电气设备（线路）时，应先将电源切断（拉断刀闸，取下保险），把配电箱锁好，并挂上“有人工作，禁止合闸”警示牌，或派专人看护。

⑤ 所有绝缘检验工具，应妥善保管，严禁他用，存放在干燥、清洁的工具柜内，并按规定进行定期检查、校验。使用前，必须先检查是否良好后，方可使用。

⑥ 在带电设备附近作业，严禁使用钢（卷）尺进行测量。

⑦ 用锤子打接电极时，握锤的手不准戴手套，扶接地极的人应在侧面，应用工具将接地极卡紧、稳住，使用冲击钻、电钻或钎子打砼眼或仰面打眼时，应戴防护镜。

⑧ 用感应法干燥电箱或变压器时，其外壳应接地。

⑨ 使用手持电动工具时，机壳良好接地，严禁将外壳接地线和工作零线拧在一起插入插座，必须使用二线带地，三线带地插座。

⑩ 配线时，必须选用合适的剥线钳口，不得损伤线芯，削线头时，刀口要向外，用力要均匀。

⑪ 电气设备所用保险丝的额定电流应与其负荷容量相适应，禁止以大代小或用其金属丝代替保险丝。

⑫ 工作前必须做好充分准备，由工作负责人根据要求把安全措施及注意事项向全体人员进行布置，并明确分工，对于患有不适宜工作的疾病者，请长假复工者，缺乏经验的工人及有思想情绪的人员，不能分配其重要技术工作和登高作业。

⑬ 作业人员在工作前不许饮酒，工作中衣着必须穿戴整齐，精神集中，不准擅离职守。

安装规定

① 施工现场供电应采用三相五线制（TN-S）系统，所有电气设备的金属外壳及电线管必须与专用保护零线可靠连接，对产生振动的设备其保护零线的连接点不少于两处，保护零线不得装设开关或熔断器。

② 保护零线应单独敷设，不做他用，除在配电室或配电箱处作接地外，应在线路中间处和终端处作重复接地，并应与保护零线相连接，其接地电阻不大于10Ω。

③ 保护零线的截面，应不小于工作零线的截面，同时，必须满足机械强度的要求，保护零线架空敷设的间距大于12m时，保护零线必须选择小于10mm^{2}的绝缘铜线或小于16mm^{2}的绝缘铝线。

④ 与电气设备相连接的保护零线是截面不小于2.5mm^{2}的绝缘多股铜芯线，保护零线的统一标志为绿/黄双色线，在任何情况下，不准用绿/黄线作负荷线。

⑤ 单相线路的零线截面与相线相同，三相线路工作零线和保护

零线截面不小于相线截面的50%。

⑥ 架空线路的档距不得大于35m，其线间距离不得小于0.3m，架空线相序排列：面向负荷从左侧起为L1、N、L2、L3、PE（L1、L2、L3为相线，N为工作零线，PE为保护零线）。

⑦ 在一个架空线路档距内，每一层架空线的接头数不得超过该层导线条数的50%，且一条导线只允许有一个接头，线路在跨越铁路、公路、河流、电力线路档距内不得有接头。

⑧ 架空线路宜采用砼杆或木杆，砼杆不得有露筋、环向裂纹和扭曲，木杆不得腐朽，其梢径应不小于130mm，电杆埋设深度宜为杆长的1/10加0.6m，但在松软土质处应适当加大埋设深度或采用卡盘等加固。

⑨ 橡皮电缆架空敷设时，应沿墙壁或电杆高置，并用绝缘子固定，严禁使用金属裸线作绑线，固定点间距应保证橡皮电缆能承受自重所带来的负荷，橡皮电缆的最大弧垂距地不得小于2.5m。

⑩ 配电箱、开关箱应装设在干燥、通风及常温场所，箱要防雨、防尘、加锁，门上要有“有电危险”标志，箱内分路开关要标明用途，固定式箱底离地高度应大于1.3m，小于1.5m，移动式箱底离地高度应大于0.6m，小于1.5m，箱内工作零线和保护零线应分别用接线端子分开敷设，箱内电器和线路安装必须整齐，并每月检修一次，金属后座及外壳必须作保护接零，箱内不得放置任何杂物。

⑪ 总配电箱和开关箱中的两级漏电保护器选择的额定漏电动作电流和额定漏电动作时间应合理匹配，使之具有分级保护的功能，每台用电设备应有各自专用的开关箱，必须实行“一机一闸”制，安装漏电保护器。

⑫ 配电箱、开关箱中的导线进、出线口应在箱底面，严禁设在箱体的上面、侧面、后面或箱门外，进出线应加护套，分路成束并作防水弯，导线束不得与箱体进、出口直接接触，移动式配电箱和

开关箱进、出线必须采用橡皮绝缘电缆。

⑬ 每一台电动建筑机械或手移电动工具的开关箱内，必须装设隔离开关和过负荷、短路、漏电保护装置，其负荷线必须按其容量选用无接头的多股铜芯橡皮保护套软电缆或塑料护套软线，导线接头应牢固可靠，绝缘良好。

⑭ 照明变压器必须使用双绕组型，严禁使用自耦变压器，照明开关必须控制火线，使用行灯时，电源电压不超过36V。

⑮ 安装设备电源线时，应先安装用电设备一端，再安装电源一端，拆除时反向进行。

安全规程

一、停送电操作顺序

1. 高压隔离开关操作顺序

（1）断电操作顺序

a. 断开低压各分路空气开关，隔离开关。

b. 断开低压总开关。

c. 断开高压油开关。

d. 断开高压隔离开关。

（2）送电操作顺序

和断电顺序相反。

2. 低压开关操作顺序

（1）断电操作顺序

a. 断开低压各分路空气开关、隔离开关。

b. 断开低压总开关。

（2）送电操作顺序

与断电相反。

二、倒闸操作规程

① 高压双电源用户做倒闸操作，必须事先与供电局联系，取得同意或接供电局通知后，按规定时间进行，不得私自随意倒闸。

② 倒闸操作必须先送合空闲的一路，再停止原来一路，以免用户受影响。

③ 发生故障未查明原因，不得进行倒闸操作。

④ 两个倒闸开关，在每次操作后均应立即上锁，同时挂警告牌。

⑤ 倒闸操作必须由二人进行（一人操作、一人监护）。

三、用电维修

① 检修工具、仪器等要经常检查，保持绝缘良好状态，不准使用不合格的检修工具和仪器。

② 电机和电器拆除检修后，其线头应及时用绝缘包布包扎好，高压电机和高压电器拆除后其线头必须短路接地。

③ 在高、低压电气设备线路上工作，必须停电进行，一般不准带电作业。

④ 停电后的设备及线路在接地线前应使用合格的验电器，按规定进行验电，确认无电后方可准许操作，携带式接电线应为柔软的裸铜线，其截面不小于25mm^2，不应有断股和断裂现象。

⑤ 接拆地线应由两人进行，一人监护，一人操作，应戴好绝缘手套，接地线时先接地线端，后接导线端，拆地线时先拆导线端，后拆地线端。

⑥ 脚扣、踏板安全带使用前应检查是否结实可靠，应根据电杆大小选用脚扣、踏板，上杆时跨步应合适，脚扣不应相撞，使用安全带松紧要合适、系牢，结扣应放在前侧左右。

⑦ 登杆作业前，必须检查木杆根部有无腐朽、空心现象（松木杆不大于1/4，杉木杆不大于1/3），原有拉线、帮桩是否良好，水

泥杆应检查外观平整、光滑无外露钢筋无明显裂纹，杆体无显著倾斜及下沉现象。

⑧ 杆上及地面工作人员均应戴安全帽，并在工作区域内做好监护工作，防止行人、车辆穿越，传递材料应用带绳或系工具袋传递，禁止上下抛掷。

⑨ 雷雨及六级以上大风天气，不可进行杆上作业。

⑩ 现场变（配）电室，应有两人值班，对于小容量的变（配）电室，单人值班时，不论高压设备是否带电，均不准越过检查从事修理工作。

⑪ 在高压带电区域内部分停电工作时，操作者与带电设备的距离应符合安全规定，运送工具、材料时与带电设备保持一定的安全距离。

注意事项

电工上岗之前必须通过专业培训并持有特种作业上岗证！！！

下面分享一个日志，看看非专业电工做的电路是什么样子。

日志 一个典型的跳闸故障

前几天，给一个客户处理跳闸故障，比较典型，分享给大家。

客户说，本来一直用电正常，就因为要给广告灯接电，把图10-1所示的那个2P的开关关了一下，再推上去，就整个没有电了，我说，那应该是广告灯电源有问题，客户说，人家做广告的师傅确定了没有问题。

这是一个卖汽车的门市，有一百多平方米，用电设备主要是灯，用电量不大，自从关了一下这个开关，只要再一开这个开关，就跳整个单元的总开关，不开这个开关，就可以用电，但会不定时跳闸，每次跳闸了去推闸，都要转一大圈，跑得很恼火。

首先分析原因，我看了一下这个配电箱，总开关是一个3P的空气开关，可是这个开关上口接了三条线，下口只用了两条线，又发现所有用电负载都在开关上口取电，电源都在开关下口，用了4个1P的开关，但是没有发现零线是怎么引上去的。

客户说应该是哪里短路了。但我不能确定这是短路故障，决定先看看要跳闸的是一个什么样的开关。

到了单元楼的配电箱，看到了这个总开关是4P的漏电保护器，经常跳闸的就是这个总开关，引到门市的是2P的空气开关，这个空气开关没有跳。

再次回到门面配电箱，觉得跳闸应该是漏电造成的，拆下引起跳闸的2P空气开关上面的线，用万用表测量，没有发现短路和接地，用摇表测量，两组线有一组接地电阻为零，把有问题的这一组断开，另一组接上，推上这个开关，不跳闸，然后试着把所有开关全部推上去，结果还是跳闸了。

趁他们去推闸，我把所有的线全部拆下来用摇表测量，全部接地电阻为零，拆开吊顶，才明白原来所有的零线是并在经过了2P空气开关的这条零线上，这就更加确定是零线接地了，因为如果零线没有接地，这个2P开关控制着总零线，而刚才关了这个开关所有的灯应该都不会亮。为什么这个开关断开了，但那些开关推上去灯还可以亮，可见零线接地有多严重。

我把并在一起的零线剪开，然后测量每一条线，因为整个门市很大，零线并不都是并在一个地方的，我把测量正常的线接上去，再推上开关，看到灯一组一组地亮了，逐步缩小故障范围，经过近两个小时的排查，终于查到是一组灯有接地故障，拆了这个灯，一切正常了。

故障查明白了，也大概明白为什么店铺的总开关是3P的空气开关，因为开发商给门店的线是三条10平方的线，分别是火线、零线、地线，所以装修师傅觉得应该三条线都过开关，就用了一个3P空气开关，加上开关上口接负载，下口接电源，总零线过支路开关。所有这些证明一点，这里的电不是由电工师傅做的，一点电工常识都没有。

还是那一句话：不重视电工，是各种用电故障的根本原因。

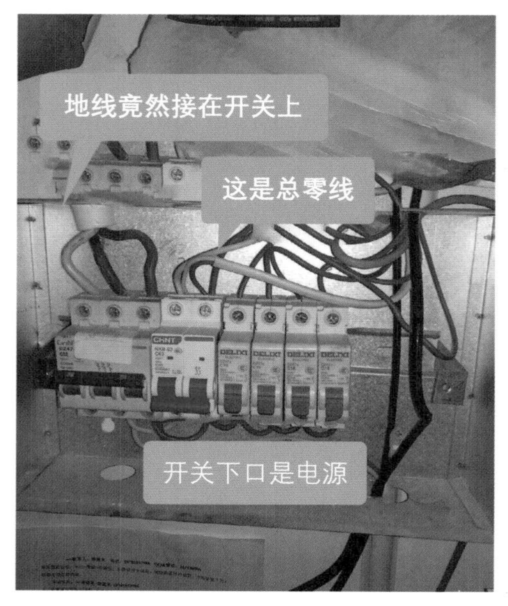

图10-1 出故障的配电箱

附录一

电气知识总结

1. 三相五线制用黄、绿、红、淡蓝四种颜色分别表示U、V、W、N保护接地线双颜色（PE）。
2. 变压器在运行中，各相电流不应超过额定电流；最大不平衡电流不得超过额定电流的25%。变压器投入运行后应定期进行检修。
3. 同一台变压器供电的系统中，不宜保护接地和保护接零混用。
4. 电压互感器二次线圈的额定电压一般为100V。
5. 电压互感器的二次侧在工作时不得短路。因为短路时将产生很大的短路电流，有可能烧坏互感器，为此电压互感器的一次、二次侧都装设熔断器进行保护。
6. 电压互感器的二次侧有一端必须接地。这是为了防止一、二次线圈绝缘击穿时，一次侧高压窜入二次侧，危及人身及设备的安全。
7. 电流互感器在工作时二次侧接近于短路状况。二次线圈的额定电流一般为5A。
8. 电流互感器的二次侧在工作时决不允许开路。
9. 电流互感器的二次侧有一端必须接地，防止其一、二次线圈绝缘击穿时，一次侧高压窜入二次侧。
10. 电流互感器在连接时，要注意其一、二次线圈的极性，我国互感器采用减极性的标号法。
11. 安装时一定要注意接线正确可靠，并且二次侧不允许接熔断器或开关。即使因为某种原因要拆除二次侧的仪表或其他装置时，也必须先将二次侧短路，然后再进行拆除。
12. 低压开关是指1kV以下的隔离开关、断路器、熔断器等。

13. 低压配电装置所控制的负荷，必须分路清楚，严禁一闸多控和混淆。
14. 低压配电装置与自备发电机设备的联锁装置应动作可靠。严禁自备发电设备与电网私自并联运行。
15. 低压配电装置前后左右操作维护的通道上应铺设绝缘垫，同时严禁在通道上堆放其他物品。
16. 接设备时　先接设备，后接电源；
拆设备时　先拆电源，后拆设备；
接线路时　先接零线，后接火线；
拆线路时　先拆火线，后拆零线。
17. 低压熔断器不能作为电动机的过负荷保护。
18. 熔断器的额定电压必须大于等于配电线路的工作电压。
19. 熔断器的额定电流必须大于等于熔体的额定电流。
20. 熔断器的分断电流必须大于配电线路可能出现的最大短路电流。
21. 熔体额定电流的选用，必须满足线路正常工作电流和电动机的启动电流。
22. 对电炉及照明等负载的短路保护，熔体的额定电流等于或稍大于负载的额定电流。
23. 对于单台电动机，熔体额定电流≥（1.5～2.5）倍电机额定电流。
24. 熔体额定电流在配电系统中，上、下级应协调配合，以实现选择性保护目的。下一级应比上一级小。
25. 瓷插式熔断器应垂直安装，必须采用合格的熔丝，不得以其他的金属丝代替熔丝。
26. 螺旋式熔断器的电源进线应接在底座的中心接线端子上，接负载的出线应接在螺纹壳的接线端子上。
27. 更换熔体时，必须先将用电设备断开，以防止引起电弧。
28. 熔断器应装在各相线上。在二相三线或三相四线回路的中性线上严禁装熔断器。

29. 熔断器作隔离目的使用时，必须将熔断器装设在线路首端。
30. 熔断器作用是短路保护。隔离电源，安全检修。
31. 刀开关作用是隔离电源，安全检修。
32. 胶盖瓷底闸刀开关一般作为电气照明线路、电热回路的控制开关，也可用作分支电路的配电开关。
33. 三极胶盖闸刀开关在适当降低容量时可以用于不频繁启动操作的电动机控制开关。
34. 三极胶盖闸刀开关电源进线应安装在静触头端的进线座上，用电设备接在下面熔丝的出线座上。
35. 刀开关在切断状况时，手柄应该向下，接通状况时，手柄应该向上，不能倒装或平装。
36. 三极胶盖闸刀开关作用是短路保护。隔离电源，安全检修。
37. 低压负荷开关的外壳应可靠接地。
38. 选用自动空气开关作总开关时，在这些开关进线侧必须有明显的断开点，明显断开点可采用隔离开关、刀开关或熔断器等。
39. 电容器并联补偿是把电容器直接与被补偿设备并接到同一电路上，以提高功率因数。
40. 改善功率因数的措施有多项，其中最方便的方法是并联补偿电容器。
41. 墙壁开关离地面应1.3m、墙壁插座0.3m。
42. 拉线开关离地面应2 ~ 3m。
43. 电度表离地面应1.4 ~ 1.8m。
44. 进户线离地面应2.7m。
45. 塑料护套线主要用于户内明配敷设，不得直接埋入抹灰层内暗配敷设。
46. 导线穿管一般要求管内导线的总截面积（包括绝缘层）不大于线管内径截面积的40%。
47. 管内导线不得有接头，接头应在接线盒内；不同电源回路、不同电压回路、互为备用的回路、工作照明与应急照明的线路均不得装在同一管内。

48. 管子为钢管（铁管）时，同一交流回路的导线必须穿在同一管内，不允许一根导线穿一根钢管。管子必须要可靠接地。管子出线两端必须加塑料保护套。

49. 一根管内所装的导线不得超过8根。

50. 导线穿管长度超过30m（半硬管）其中间应装设分线盒。超过40m（铁管）其中间应装设分线盒。

51. 导线穿管，有一个弯曲时线管长度不超过20m，其中间应装设分线盒；有两个弯曲时线管长度不超过15m，其中间应装设分线盒；有三个弯曲时线管长度不超过8m，其中间应装设分线盒。

52. 在采用多相供电时，同一建筑物的导线绝缘层颜色选择应一致，即保护导线（PE）应为绿/黄双色线，中性线（N）线为淡蓝色；相线L1为黄色、L2为绿色、L3为红色。单相供电开关线为红色，开关后一般采用白色或黄色。

53. 导线的接头位置不应在绝缘子固定处，接头位置距导线固定处应在0.5m以上，以免妨碍扎线及折断。

附录二

我的电工之路

做电工十年了，说不上很成功，但我从来没有为成为一个电工后悔过，我甚至有一点庆幸，庆幸我最终选择做了一名电工而不是进入了别的行业。我一直有一个想法，把我的电工经历写下来，为后来者提供一点借鉴。

我学电工的时候，已经36岁了，在没有学电工之前，我没有打过工，做过很多小买卖，搞过小规模养殖、小规模种植，开过餐馆，卖过水果，也不都是失败的，其中我种蘑菇还是很成功的，也是我干得最久的行业，干了十几年，从开始技术不成熟挣两年赔两年，到后来技术成熟时能挣钱了，我又不想干了，为什么呢？太累，如果我当时坚持下去，我应该也早就买车买房了，但我没有坚持。在之后我开始尝试进入别的行业，没有多久，我种蘑菇挣的几万块钱就所剩无几了，很多人都劝我回到以前的行业，但倔强的我不愿意回头，我开始考虑打工。我初中文化，没有任何别的技术，我打工做什么呢？我想要先学点技术，我就在当时的所在地兰州报了一个培训学校，同时报了电工和焊工两个专业。

我说过，我的电工经历希望让大家得到借鉴，同样，我的人生经历也希望给大家一个借鉴，我想说，在你想从熟悉的行业转行从事另一个行业的时候，一定要慎之又慎，还没有进入电工行业的读者，如果你已经在别的行业里摸爬滚打很多年了，就不要轻易放弃，电工并不是火线零线接个灯泡能亮就能算电工，其学问之广奥非同一般。如果已经从事电工很多年了，也不要轻易转行，每一行都不容易，不要这山望到那山高，每一行干好了都不错，行行出状元。

我报名的这个学校培训点有两个，说培训两个月左右可以拿证，相隔十几公里，我上午去焊工培训，下午再骑车去电工培训。

先说焊工培训，老师发一本书（当然是单独收钱的），记得当时是年底了，培训班只有4～5个学员，每天老师拿出那本《焊工入门》说，请将书翻到某一页，照着书念一大段，然后给我们每个学员发十根焊条，让我们自己去练，然后就下课。也就是说，我的焊工证就没有用，因为我基本就不会焊。在此我对想学焊工的朋友说，想学焊工，最好找大型安装公司去当学徒工，培训出一个好的焊工最少要花几万块钱的代价，高级焊工最少实践三年，大型安装公司都有培训焊工的规划，他们会组织考证。

在电工培训班，我遇到了一位好老师，这位老师是一位退休老教授。我依然记得第一次去上课，老教授说的一段话。

那天去上课，老师先登记，发给我一本《电工入门》图书，教室里加我共有6名学员：有2个大专生，一个本科生，一个高中生，一个职高生，只有我是初中毕业，年龄上也是我最大，36岁，其他人都不到30岁。他们以前也不是从事和电有关的职业。老师说："电工学在理论学习上需要一定的文化，电看不见，又不可以摸，电学理论的逻辑性很强，需要具备逻辑思维能力，学习和领悟电工理论，和年龄和学历都有关系，可能开始听课有点听不懂，不过也不用担心，电工学过来过去都围绕这些理论发展，慢慢地就能听懂了，初中生也可以学好电工。"

老师很明显是在对我说，因为年龄我最大，学历我最低，老师大概也怕仅仅6个学员再跑掉一个。

老师的担心没有错，离开教室已经20多年的我，一直认为自己领悟能力超强的我，在老师开始讲电学理论时完全蒙了，老师一节课讲了可能有80分钟，我等于坐了80分钟的飞机，云里雾里什么也没有听懂，甚至几次都有退课的冲动。下课了，我心事重重地回到家，心里一直在问自己，这么难，到底还学不学，整整一个晚上，我辗转难眠一直到天亮，我终于决定，再听一节课试试。

第二天，我心事重重地去了，这一节课下来，我感觉能懵懵懂懂地听懂一点了。第三天，感觉比第二天又好了一点，到第四天、第五天，我突然兴奋起来了，我发现我对电工知识产生了极大的兴趣，我已经能够全神贯注地听课了，而且上课还一直和老师用眼神交流，老师也发现，我是和他交流得最多的学员，虽然我仍然没有完全听懂所有的东西。

然而到第十天左右，老师提到，因为现在来学习的学员太少，所以学校可能要放假。

这对于我来说犹如晴天霹雳，本来计划学到过年回家，年后南下广东打工的，现在放假了，我等于什么都没有学到，我家在四川，不可能过年后还专门来兰州学习，没有办法，我的电工课仅仅听了半月就结束了。

在家里过完年，我到了广东东莞。

正月初八，我到一家机械厂应聘，面试我的是这家机械厂的一个向经理，他先说这是一家机械厂，要的电工和一般工厂的电工不一样，要会控制电路，问我做了几年电工了，问我会不会控制电路。

不得不承认，当时我撒了谎，我说，我做了三年农村电工，然后去学校培训过，控制电路老师讲过，我现在还不会，但应该很快就能学会。这个经理竟然没有拒绝我，给我说了工资，1月26天，管吃管住，底薪1200，加班另外算。然后就叫车间主管带我去电工房看看，车间主管姓周，特地指到配电箱里的电气元件问我都叫什么名字，当然我一个也没有见过，就继电器、温控器、计时器乱说一通，周主管只是笑笑，没有点破，然后回到办公室，向经理问我什么时候可以来上班，我说明天，我今天就去搬东西，明天早上就来上班。

进了这个厂，我的电工工作算开始了，我的第一个师傅叫李海森，我比他大七八岁，我叫他师傅，他都笑嘻嘻不好意思，他人很热心，只问了我会不会按钮启动，我不知道什么是按钮启动，然后他就用一个接触器和两个按钮给我接了一个灯，问我会不会，不会的话就要先把这个搞懂，其他的都很容易，其实这就是一个自保停电路，如附录图1所示。

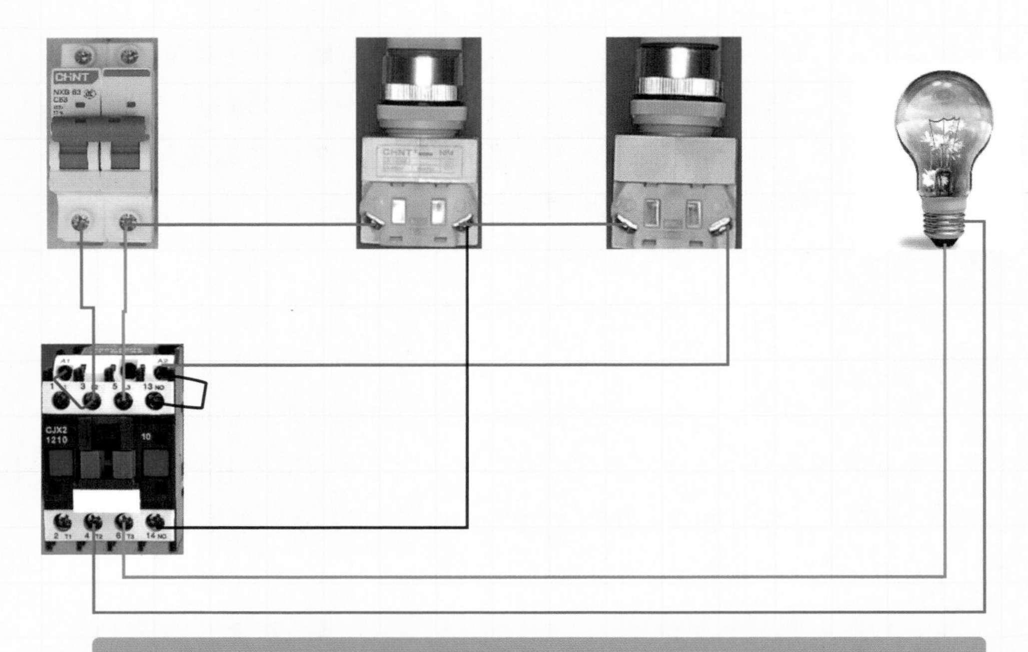

这就是一个启动停止电路，俗称启保停电路，电工入门级电路，这个电路的关键在于理解自锁的原理

附录图1　自保停电路

他说，他也懂得不是很多，他跟这个老板8年了，600元的工资拿了3年，去年上半年才拿900元，下半年1200元，他说了要走，老板才答应给1500元，他说他无论如何也要走了，老板一直没有找到人，毕竟跟了老板这么多年了，等老板找到人他才好走。

这个厂是机械设备厂，生产烤炉、流水线、UV机、无尘车间、自动化喷涂设备、烘烤设备等，听起来很有技术，其实控制都很简单，多数是接触器控制，偶然遇到一单业务，要用到PLC控制，就把复杂的工程承包给专业公司。李海森什么都做，开始连接触器，温控器都不会接，老板就带他去电器市场，卖电器的老板手把手教他怎么接线，现在他在这个行业里干了8年了，动手能力超强，一个人可以完成烤炉、流水线、无尘车间等所有设备的每一道工序，就是不善于交际，他电工技术完全是自己摸索出来的，不会画电路图，也不会看电路图，凭自己的记忆也可以做出一些复杂的控制来。

从进到这个厂，我就发现要学习的地方太多了，我下定决心，一定要好好学习，学到像李海森师傅一样的技术。厂里吃住免费，我每天都是提前半小时起床，看半小时的电工方面的书，中午和晚上都尽可能地找时间看书。电工书很是枯燥，看不下去，往往一看到就头疼，或者是看着看着就睡了，我还是坚持强迫自己看，很多理论都是反复看，几十遍上百遍地反复看，后来我发现，我记住这些理论非常有用，有很多电工理论当时不懂，但随着电工工作时间越长，对电学理论的理解就由懵懵懂懂到逐渐清晰。

在工作中，我从不在乎领导叫我干什么，我什么都做，不管是不是电工该做的，都尽可能地做好。我和李海森师傅的关系也相当好，我们都不抽烟，我经常给他买水，请他吃饭，但师傅从来不占便宜，我买一瓶水，他必定也会买一瓶，我请他吃饭，他必定也要请我吃饭，我们两个成了无话不谈的好朋友。

很可惜，我和他只在一起工作了一个月，后来两人都换了手机号，再也没有了联系。我之所以写出师傅的名字，希望有一天他看到我的故事，能再找到我，我非常想念他。

我要告诉现在的年轻人，每个老板都喜欢勤奋和上进的人。后来李师傅告诉我，说老板和经理包括车间主管都对我有很好的评价，说我刚刚进厂根本就不会电工，但工作认真、勤快，又比较努力，所以很快就认可了我。

李海森走后又来了三位师傅，三人行必有我师，这三个人都成了我的师傅。虽然我没有当他们的面叫过一声师傅，但我心里一直当他们是我师傅。刘芳军师傅是一位英俊小伙子，技术相当好，干电工四年了，会PLC编程，脑子反应特别快。可惜英雄无用武之地，老板一直没有接到用PLC编程的工程。那时候互联网不普及，我们都不知道一键启停电路，他说他叔叔曾和他打赌400块，说他想不出来这个电路，他想了一天，挣到了这400元钱，后来他在电工房用6个继电器接出来这个电路，又给我画出电路图，我根据电路图，又改到只用四个继电器，当然后来有个朋友告诉我有用三个继电器接出来的一键启停，如附录图2所示。我才知道了这个并不复杂，但刘芳军师傅可是完全自己想出来的。

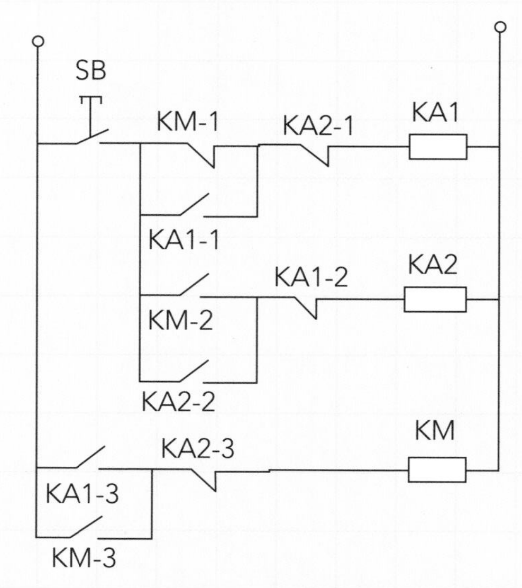

第一次按下，经过KM的常闭触点，再经过KA的常闭接通KA1，KA1自锁，这时候手不松，KA1一直吸合，手一松，KA1断电复位，为接通KA2提供条件。看懂这个图的关键在这里

附录图2　一键启停电路

另一个师傅的钻头磨得很好，我在他那儿学会磨钻头。对我帮助最大的师傅是吴颂明师傅。

吴师傅比我大4岁，干电工四年了，他大学毕业，是县城的公务员，以前是文科生。他喜欢看书，也是36岁开始学电工的，对电工学非常痴迷，电工技术都是自学的。他是同行介绍过来当电工主管的，我画电路图和识电路图都是吴师傅亲手教的。吴师傅跟我很投缘，我们俩使得电工房有很热烈的学习氛围。我们经常在理论上发生争论，往往争吵得面红耳赤，经常让吴师傅生气，有很多我不明白的地方都是在争吵中逐渐明白过来的，我的电工能有今天的知识，非常感谢吴颂明师傅。

在这个厂我干了半年，短短半年，我从一个什么电工技术都不会的假电工，成长为一个能独立完成很多电工工作的真正电工，但我觉得我还有许多电工知识需要学。这个厂生意不太好，做的事越来越少，我还想学更多的东西，想多进几个厂看看，于是，我辞工了。

从这个厂出来，我在不到一年的时间又进了5个厂。之所以不断地跳槽，主要是想多学技术，我买了许多电工和电子基础方面的书，每天都在学习，所有的家用电器，我都会研究它的电路。我总是尽可能地和电工交朋友，也和一些维修店的师傅交朋友，有个修电机的朋友教我修电机，只有一个下午我就学会了。我又买了一些修家电的书，我想开一个修家电的店。

于是，2008年我在东莞的虎门镇开了一家电器维修店，到这时，我做电工才一年多一点。在开店之前，我基本上没有维修过家用电器，只在一个朋友那里绕过半个电动机，只是凭着自己对电工技术的理解，就去开店了。现在想想，当时确实有点大胆。

店开起来了，修空调、冰箱、电视等家用电器，也修电机等电动工具，几乎什么电器都修，其实是什么都基本不会修，主要是不知道怎么下手。从收废品那里买来几个坏的电视机，坐在店里按照书上慢慢地摸索着修，人家看到我天天在那里修，还以为我生意好，结果拿来了好几台电视机，一个多星期一台也没有修好。

有一天，一个电工朋友路过，看我不会修，就说他来帮我修，难者不会，会者不难，一会儿人家就修好了。他告诉我他就在附近上班，以后电视机多了可以打电话给他。后来每隔几天，他就来帮我修一会儿电视，我们成了朋友，在他的指点下，我很快就会修电视机了，一个月下来，我已经基本可以修好百分之八九十的电视机等电器了。

我觉得还不错，开店一个月后，我开始挣钱了，就是有点少，一个月1千多点，这个店开了半年，就没有开了，为什么呢？主要是经济压力特别的大。

后来我找到一家电子厂做维修电工，我以前总是找机械厂，主要是想多学技术，但我不会PLC，也就没有高的工资。我不愿意当学徒，一方面学徒工资太低，我的经济压力太大，另一方面，我那时38岁，好多师傅都比我年轻，叫人家师傅人家都不好意思答应，再有，就是我技术不是很好，但是比一般的电工师傅要强一点，再去特意地给人当学徒，已经很难弯下腰了，加上我现在已经有维修家用电器的技术，所以我想找一个轻松的工作，可以利用业余时间多挣点钱。

这个厂是生产摄像头的，我的工作是维护工厂的日常水、电、气、空调和办公及生活用电设施，主要有一个中央空调，5天8小时，工资1800，管吃管住，有社保，我去面试，觉得不错，工厂环境很好，工作环境不错，和普通白领一样，在大办公室有一办公位置，电脑办公，还有电工房，我都有了想在这个厂干一辈子的想法。

厂不大，就一二百人，就一个电工，已经辞工，我一入职他就急着和我办交接，他已经有好去处，就等和我交接。

其实工厂里主要是要保证那台中央空调的正常运行，对中央空调的保养也是外包的，电工的工作主要就是制订保养计划和按照保养计划进行保养就好了。

那个电工在我入职后的第三天就走了，我开始全面负责日常维护，工作真的很轻松，每天的工作量都不到一个小时，主要是检查中央空调是不是正常运行，每天签一下表而已。

我以前也没有接触过中央空调，现在要做维护，我当然需要对这个系统进行了解。

大型的中央空调一般由两个系统组成，一个是以冰水机为主机的冷冻水循环系统，另一个是调温、调温加净化功能的空气循环系统。冷冻水循环系统的主机是一个大功率螺杆压缩机，冷媒通过压缩变成高压的液体后，在冷凝器被循环的冷却水冷却，释放的热被循环的冷却水送到冷却塔散热，带走热量的高压冷媒循环到蒸发器，释放压力变成气态吸收热量，使蒸发器里的水冷冻，冷冻水被循环的管道送到各个车间的空调风柜或盘管风机，从而调节温度。大型中央空调系统如附录图3所示。

生产摄像头的车间是洁净度1k级和10k级的无尘车间，要求温度误差小于±3℃，空气湿度50%~60%，温度调节由制冷和加热组成，冷冻水通过风柜中的表冷器形成制冷，加热器由发热管通过电加热实现加热，温度调节器控制三通电磁阀控制冷冻水的开关和控制接触器加热。就是温度低了就关掉冷冻水，打开电加热，相反，温度高了就关掉电加热，打开冷冻水。表冷器还有一个功能就是除湿，循环空气通过表冷器产生冷凝水，使空气干燥，湿

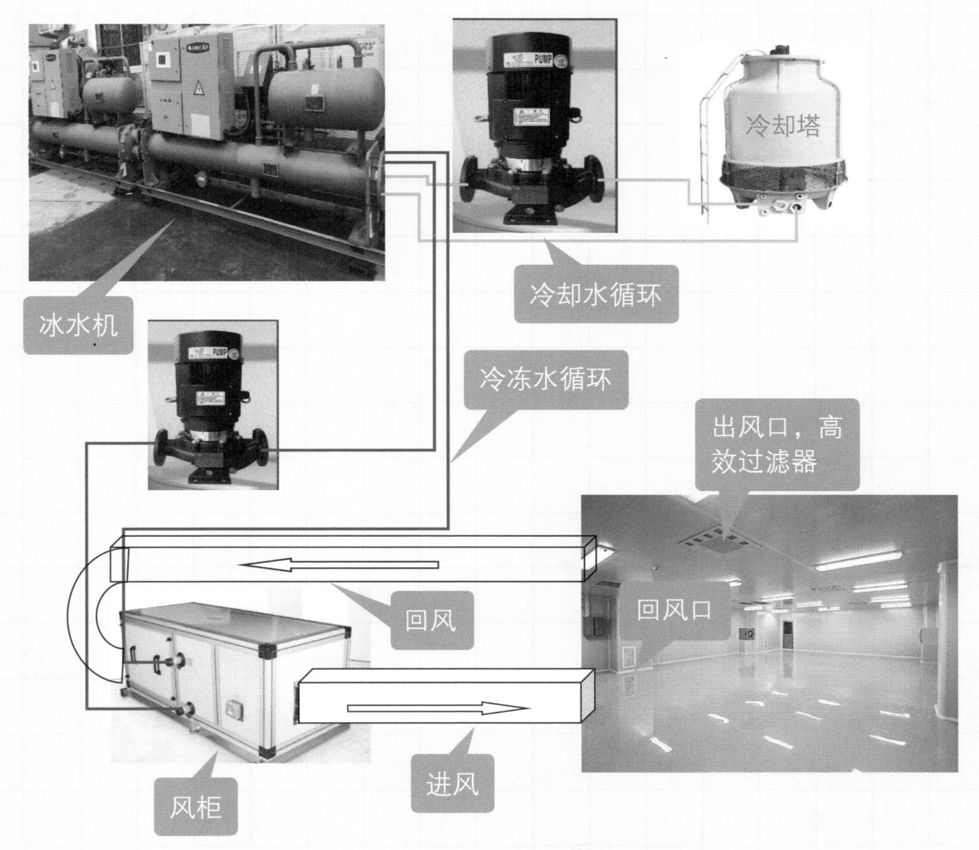

附录图3 大型无尘车间的中央空调系统

度不够由加湿器加湿。由风柜里的初效过滤器、中效过滤器，及车间的高效过滤器通过循环风对空气进行过滤，使空气的洁净度达标。

通过几天的研究，我已经对这套空调系统有了很深入的了解，同时也对这套系统的运行要求产生了怀疑。以前电工说这套系统除了节假日从来不停，说是工程设计方这么要求的，我通过几天的观察，发现许多问题。工厂没有其他大功率设备，80%耗电都是这台中央空调产生的，工厂没有在晚上生产，为什么晚上不可以关掉，关了究竟有什么影响？还有，通过观察我发现，电加热频繁启动，整个系统的温湿度非常稳定，温度误差小于0.3℃，湿度误差小于3%，误差有一个合理范围，误差小是靠极大的电能消耗换来的。比如说，系统感应到温度低了，就会关掉冷冻水，打开电加热，温度是有惯性的，那边冷冻水还没有完全关掉，这边电加热已经开启，加热管打开一会儿，温度上升，控制冷冻水的开关马上打开，就经常出现加热管频繁开启和一边加热一边制冷的情况。加热频繁开启，就使冷冻水打开的时间更长，制冷的同时也会排湿，湿度不够又使加湿器打开也是消耗电能，冷冻水打开消耗了冷量，冰水机自动停机的时间就会减少也等于多消耗电能。

还有就是冰水机系统耗电，冷媒压缩机在冷冻水达到设定温度会自动停机，可是有两个11kW的冷却循环水泵和一个4kW的冷却塔风扇却不停，夏天至少有30%的时间可以停机，冬天80%，春秋两季50%，三个电机每小时26kW，平均有50%的电是浪费了的。

我们有必要把温度精度要求那么高吗？无尘车间的温度设定为21℃，温度上下误差1℃，人一般感觉不到，此类产品就更没有那么高的温度精度要求，春夏秋完全可以不开电加热，冬季可以不开或少开冰水机嘛，而这套空调系统已经运行了两年，都是24小时不间断运行。晚上停机有什么影响呢？无尘车间是全封闭的，外面的空气不可能因为关了中央空调就跑进去很多，湿度应该变化不大，洁净度也应该没有多少变化，温度上升没有关系，可以通过上班前提前打开中央空调，半小时应该可以达到理想的状态。如果可以按我假设的方案运行中央空调，并进行节能改造，至少可以节省40%的用电，一个月至少节约几万度电。同时，运行时间减少，维护的时间就可以延长，相应降低了维护费用。两项相加，每月节约几万元，这对于小厂来说，相当不错啊。

我把我的想法向主管说了，主管有点不相信，他说中央空调这么高端的设备怎么可能去随便改，我说，我做过设备，能不能对设备进行调整和更改是看你对这个设备有没有彻底的了解，我已经对这台设备有了充分了解，发现了运行中存在的问题，这些问题只有真正的专业人员才可能发现，大型工程设备都可能有这样那样瑕疵，非专业人员是不可能发现这些问题的，我不是随便改，是充分研究过，而且我基本不做大的更改，只是作适当的运行调整，可以开始只做实验，我们有测量温湿度和洁净度的设备，如果不能调整，可以随时调整回原来的运行方式，如果实验成功，每月可以节省几万元钱，是非常不错的，风险极低，收益极高。

我们是行政部的，主管是工厂总务，上面还有行政经理，经理上面还有副总。主管说这么大的事他不敢做主，得请示高层领导，让我写一个可行性报告，通过电子邮件向公司高层汇报。

时间过去很多年了，我没有保存下来当初的报告文档。当时副总还专门找我了解情况，副总说，你说的这些人家做中央空调的工程师不了解吗？我说，一个工厂装修大工程，中央空调仅仅是其中很小的一部分，所有工程都会出现各种各样的问题，解决每一个问题都不容易，这个中央空调，就工程质量来说，已经是尽善尽美了，任何工程的施工方都不会自己给自己找麻烦，他不会考虑省电，精度越高越是人家的荣耀，相反，也是我们逼人家提高精度，却不知，精度越高付出的代价就越大。副总同意我的说法，说支持我的想法，让我把可能遇到的问题考虑多一点，原则上同意我们先做实验，逐步调整，先手动，手动实验成功后改成自动。

几乎没有任何悬念，我的实验非常成功，我将每个风柜的发热管关掉，重新设定温度，整个系统在下班前关掉，在上班前开启，在冰水机系统做了一个电路，只要主机停机，两台冷却水循环水泵电机和水塔电机就停止运行，停一段时间又自动开启，总共花了300多元钱，耗电量由去年同月的18万度一下降到10万度左右，去除其他因素，最少省电6～8万度。

这次改造成功后，公司给我通报大功一个，因为当时正值亚洲金融危机，公司遇到困难，所有员工工资都降了，我一个人工资涨到2000元，发奖金300元，很多人为我抱不平，我笑笑，这件事对于外行可能很了不起，我真的觉得没有什么，很简单。我在这个工厂工作了3年，得大功一个，小功一个，是为电脑机房做了个空调来电自启动电路，如附录图4所示。

所有会控制电路的电工都想学到PLC，我也一直有这个想法，我决定辞工后，特地报了深圳的培训班，自己学习，想下一个工作能找到机会彻底学到PLC技术。

前几天，新闻上说铁路电话订票系统故障，官方解释说是空调故障导致，我认为有这种可能。我以前所在的公司就出现过这种情况，有时突然停电，但不久又来电了，因为电脑机房都配有UPS不间断电源，电脑不会停机，而空调一般在停电后不会自己启动，有的空调有这种来电后自动开启功能，但大多数空调都没有这种功能。空调若不能启动，电脑机房升温会很快，从而导致电脑系统故障，电脑机房一般都有至少两套空调系统，所以空调故障应该不是空调坏了，而是指空调未启动而导致电脑机房升温，从而造成电脑出故障。那次公司出现这种故障后，网络工程师问我有没有办法解决，由于我对空调系统非常了解，很快就设计了一套电路，把它和空调连接，不管停电前空调是否开启，只要一来电，空调立即启动，又不影响空调的正常功能。从此再没出现过由空调而导致的电脑故障。为此我还得到公司小功一次的奖励

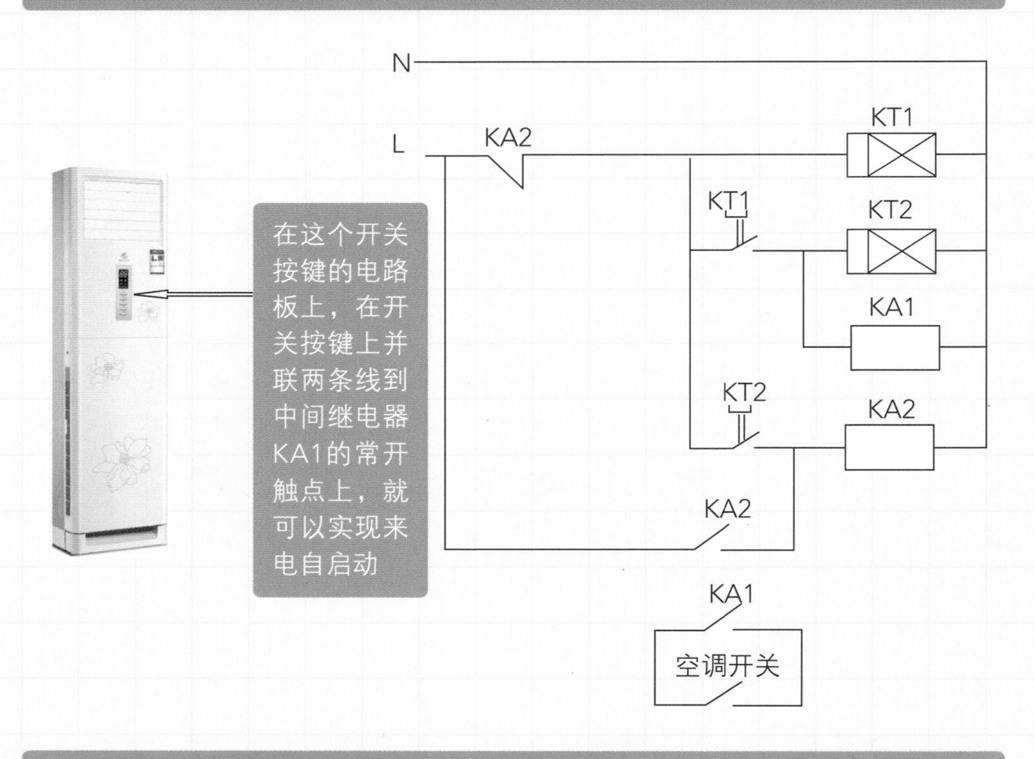

工作原理：停电后来电，首先接通KT1，KT1接通5s后接通KT2和KA1，KT2接通1s后接通KA 2，KA2得电自锁并断开KT1、KT2、KA1，KA2长期通电。KA1接通1s就断开，相当于人为按了一下空调的开关按键，KT1接通5s才接通KA1，主要是为了防止突然来电产生的浪涌冲击

附录图4　空调来电自启动电路

辞工后，我找到一家生产电容设备的工厂，和里面电工交谈一番后，使我彻底放弃了把PLC学精通的想法。

这位电工在了解到我的能力后说，你没有必要再花大力气去学习PLC，要是在十年前，学习PLC真的不错，现在PLC已经不再高端了，大型控制广泛采用PC终端，小型控制，PLC已经被单片机大量代替，而且单片机也越来越强大，由于成本低，保密性好，以后的成型设备都会越来越多用单片机代替，学习PLC开始觉得并不难，等到实用又觉得有点难，等用过一次又觉得没有难度，再往深的应用又觉得好难。这些其实还不是最难的，最难的是你在控制某一道工序，比如产量达到3000/min，但客户希望到5000，可是设备在达到3500时已经出现了颤震，这个你无法解决，客户不管，说市面上已经出现6000的了，你认为你解决不了，可是有厂家已经开发出强大的单片机了，到那时才觉得有难度。

现在新产品不断出现，你刚刚掌握了这种控制，明天新的、更简单的控制方法又出来了，今后的技术人员要的不是你会什么，要的是你的不断学习的能力，出现一种新产品你能很快学习并掌握。这方面你年龄不占优势了。

我真的要谢谢这位电工，他使我重新定位自己的发展方向。

2011年，朋友介绍到一家大型安装公司做临电维修。这是一家大型国企，在嘉峪关有一个项目部，做的是国家的工程，我和一个正式员工两个人负责临电和维修。在这里，我工作了三年，维修了工程队里几乎所有的工程设备。因为企业现场临电要求非常严格，我总是把工作尽量做到无可挑剔，工作相当轻松又很自由，我的工作得到领导和员工的认可，获得普遍的尊重。工资也从刚去的4000涨到第三年的6000。

2014年底，我辞掉了工作回到老家，我决定要在自己的家乡干一番事业，我的梦想就是有一个自己的维修门店，拥有一个属于自己的工程队，带出来一大批电工学徒来。

我把我创业计划定在2016年开始，因为这么多年我一直在外地打工，我需要对本地的市场环境有所了解。另外，我一直是维修电工，安装领域只是有接触，没有实践，电器维修和电工技术是我的强项，但安装经历少是我的弱点，我需要在安装领域锻炼一下。

现在（2015年）在安装领域干了一年了，去年在东莞中山明装水电，是铁管，厂家对安装要求非常高，我做得又快又好。今年年初又在东莞装修一个电子厂的无尘车间，干了4个月，我主要是强电安装，干完后项目经理对我非常感谢，说我帮了他的大忙，说以后有事，一定找我。下半年我主要在成都找事情做，先后做过家装、工厂给排水、桥架收尾、道路灯、监控工程、安装装饰灯等工作，我越来越对自己的定位有信心，我发现在我干过的企业的所有老板那儿，我都被称赞，我发现一个问题，就是这么多年中国房地产高速发展，每个工程队的专业人员都相对较少，我们一到工程队里，由于相当专业，马上脱颖而出，所以我断定我的创业一定会成功，很多人都说这一行有很多人在做，不好做，我说，如果每一行都没有人做，你可能做得成吗？有很多人在这一行做，证明市场很大，大浪淘沙，只会淘汰非专业人员，如果你做得好，怎么能不成功。

我的电工经历就讲到这里，以后发展成什么样子现在还预见不到，但是我坚信，我能实现自己的梦想。

看我的故事，可能你会认为我有点自我炫耀，认为我在生活中一定非常狂妄，其实没有，我在工地上干活，我也只是把自己摆在稍稍懂点电的位置上，不管做什么，我总是向人虚心求教，比如，在深圳安装社区监控，有个电工我觉得他很厉害，他做水电安装有五六年了，虽然他真的不怎么懂电，但他配管配得非常快，这一点就值得我虚心学习。我们不能拿自己的长处比别人的短处，只有认识到自己的不足，才能学到别人的强项。

之所以在我的故事里感受到我似乎自信满满，因为我想让广大的电工朋友树立信心，只要你业务精良、品质高尚、用心做事，电工可以做得很好，可以受到普遍的尊重。